西南林业大学博士专著出版基金资助出版

风景园林理论探寻与设计案例

刘扬 沈丹 著

U0390552

化学工业出版社

·北京·

本书分为上、下两篇，上篇为风景园林理论探寻，重点在备受关注的国家园林城市建设与生态园林、城乡一体化的园林绿化建设、园林中的生态思想三个方面表达作者的思想，同时在园林教育教学方面作者也阐述了自己的看法。下篇为风景园林设计案例，包括竞赛展园设计、公园规划设计、其他类型规划设计三章，涵盖竞赛展园、城市公园、墓园、植物园、高校校园、单位企事业、产业园区、居住小区等不同类型、不同尺度、不同时期的园林规划设计案例。

本书适合于高等院校风景园林、园林、环境艺术城乡规划学等专业师生参考使用，同时也适合风景园林工程、设计、施工管理等工作人员参考使用。

图书在版编目（CIP）数据

风景园林理论探寻与设计案例/刘扬，沈丹著．—北京：
化学工业出版社，2014.10
　ISBN 978-7-122-21581-9

　Ⅰ．①风…　Ⅱ．①刘…②沈…　Ⅲ．①园林设计-案例
Ⅳ．①TU986.2

中国版本图书馆CIP数据核字（2014）第183805号

责任编辑：尤彩霞　　　　　　　　　　装帧设计：韩　飞　刘　扬
责任校对：宋　夏

出版发行：化学工业出版社（北京市东城区青年湖南街13号　邮政编码100011）
印　　装：北京盛通印刷股份有限公司
787mm×1092mm　1/16　印张12$\frac{1}{2}$　字数310千字　2015年1月北京第1版第1次印刷

购书咨询：010-64518888（传真：010-64519686）　　售后服务：010-64518899
网　　址：http://www.cip.com.cn
凡购买本书，如有缺损质量问题，本社销售中心负责调换。

定　　价：88.00元　　　　　　　　　　　　　　　　版权所有　违者必究

前言
Foreword

　　十八大报告提出大力推进生态文明建设，努力建设美丽中国，实现中华民族永续发展。与生态文明建设关联度大的园林行业一度受到极大关注。与此同时，现代中国风景园林教育在经历了60年的发展以后也终于被确立为一级学科，这将使风景园林教育事业进入一个新的发展时期，也将为风景园林教育提供前所未有的发展机遇。

　　风景园林是一门综合性强、实践性强、创新性强的学问，其广阔的专业领域不仅要求掌握全面的理论基础知识，还要求具有较强的实践操作能力。这样一来，风景园林理论与实践方面的相关研究就显得尤其重要。作为作者十年来积累与探索的总结，本书期望能够在风景园林研究实践与教育教学方面贡献出微薄之力。但若是说到探寻理论，刘扬实感力不从心与任重而道远……

　　本书分上、下两篇，上篇为风景园林理论探寻，重点在备受关注的国家园林城市建设与生态园林、城乡一体化的园林绿化建设、园林中的生态思想三个方面反映作者的成果，同时在园林教育教学方面作者也阐述了自己的看法；下篇为风景园林设计案例，包括竞赛展园设计、公园规划设计、其他类型规划设计三章，涵盖竞赛展园、城市公园、居住小区公园、墓园、植物园、高校校园、单位企事业、产业园区、居住小区等不同类型、不同尺度、不同时期的案例作品。全书图文并茂，文图交相辉映，理论探寻结合现实问题与需要，设计案例则重在实践应用，内容选择注重先进性、新颖性与代表性，力求全面、系统、真实地反映作者"风景园林十年"的成果及作者"风景园林世界"的理念思想。

　　本书基于作者多年来的实践工作经验，由已发表的行业经典论文和重点设计案例融合、整理而成，旨在为广大风景园林工作者、高校风景园林专业师生、科研管理者提供一些理论和实践案例参考，因此作者期望本书成为风景园林、园林、景观建筑学、景观、环境艺术等专业师生及相关科研、设计院所、机构专业人员的益友！作者也期望通过本书与广大读者相识、交流、共进！

　　由于作者水平有限，加上时间紧迫，涉及内容较多，书中难免存有问题与浅薄，敬请广大读者、同行批评指正，在此致以深深的谢意！

作者
2014年8月于西南林业大学

目录
Contents

上篇　风景园林理论探寻

下篇　风景园林设计案例

FENGJING YUANLIN LILUN TANXUN YU SHEJI ANLI

上 篇　风景园林理论探寻

一、国家园林城市建设与生态园林

建设国家园林城市 走生态园林之路

摘　要： 介绍了生态园林的源起与发展，探讨了生态园林的概念内涵，重点阐述了走生态园林之路的意义和必要性以及生态园林与国家园林城市建设在绿地系统规划、生物多样性保护、生态园林文明建设上的关系，指出走生态园林之路是建设国家园林城市，实现城市可持续发展的必然。

关键词： 生态园林；园林城市；绿地系统规划；生物多样性保护；生态园林文明

从1992年开展国家园林城市创建活动至今全国已有56个城市（城区）获得"国家园林城市（城区）"称号。13年的创建实践过后，建设部对原标准进行了修订，对新一轮的国家园林城市（城区）创建活动提出了新的标准和要求。探索国家园林城市建设的道路仍任重道远。

1　生态园林源起与发展

早在19世纪下半叶，欧美掀起的城市公园建设运动就影响到了中国。1898年英国霍华德（Ebenezer Howard，1830—1928）在其《明日的城市》一书中提出"花园城市"的思想。其理念是使人们能够生活在既有良好的社会经济环境又有美好的自然环境的新型城市中[1]。20世纪20年代，为了保护原野上的自然景观，1925年荷兰生物学家Taques Pthijsse和园艺师C. Sipkes按照造园师Lednard Springre的设计在海尔勒姆附近布罗门代尔20000m²土地上建造了第一座自然景观的园林。之后，美国、英国等西方国家也出现了许多座生态公园和日本的自然生态观察园[2]。到了20世纪70年代，在生态思想的影响下，城市绿化建设开始呈现出新的动态，如"自然中的城市"、"生态园林"、"城市生物多样性保护"等的理论探讨与实践摸索。

然而，真正重视生态园林应该是20世纪的六七十年代。到了高度机械化的社会人们才迫切意识到必须尽快地改变正在继续恶化的城市生态，防止"城市沙漠化"。改善城市生态环境的最好办法就是运用生态学的理论来进行城市园林绿化建设，充分发挥绿色植物的功能，用绿化来创造稳定而良好的城市生态。日本从第二次世界大战以来几十年，开始在城市周围营造人工植物群落式防护林，提倡与自然共存，并制定有关保护环境的法律。俄罗斯莫斯科市在城市周围保存了10km宽的防护林带，北欧诸国充分做到"把大自然引入城市"，其各国首都都称得上是园林绿化良好的生态城市；像丹麦的哥本哈根，在第二次世界大战以前就实现了掌状规划（指间都是森林、农田和绿地），以后又按照新的生态概念更加完善了绿

注：本文最初发表在《林业调查规划》2006年31卷第3期。

地系统。英国在20世纪60年代也受到西欧兴起的"回到自然去"运动的波及而感到原来城市中传统的拟自然式园林似乎还未摆脱陈套，而在城市中开辟了一些自然绿地，即所谓"城市林业"，美国和原西德的一些"城市步行街"，使人们在有园林绿化的生态环境中购物和休息[3]。

"生态园林"这个词在我国的出现是近十几年的事情，自1949年中华人民共和国成立以来，我国的园林建设大致经历了四个阶段：①20世纪50年代国民经济恢复阶段，园林属于保护、整修和维持原状；②20世纪60年代三年自然灾害以后，园林进入一个"见缝插针"的较快发展时期；③20世纪70年代末，意识到保护城市绿色的重要，提出点、线、面相结合的绿化方针；④20世纪80年代，总结多年来城市园林建设的经验与教训，北方以天津为代表提出大环境绿化，南方以上海为代表提出生态园林。生态园林的出现是与我国城市化迅速发展过程中产生的城市生态状况恶化，针对城市园林的发展有偏离城市生态环境改善这一目标的倾向而提出的[4]。

从1986年中国园林学会在温州召开的"城市绿地系统、植物造景与城市生态"学术会议开始了生态园林的理论探讨和实践。比较1992年与1996年《园林城市评选标准》，主要差异在于1996年的标准明确提出"改善城市生态环境，组成城市良性的气流循环，促使物种多样性趋于丰富"及"逐步推行按绿地生物量考核绿地质量"等条目。从1992年的以绿地率为标准到1996年提出生态方面的概念可说是一大飞跃[5]。

生态园林是一门新兴的边缘学科，其基本理念是：在城市及周边一定的范围内，大到人类生存空间小到公园、绿地，充分利用阳光、空气、土地、肥力等，遵循生态学原理，发展科学的人工植物群落，建立人与自然共生共存的良性循环的生态空间，创造一个人类与动、植物和谐共生共存的生态环境[6]。

2　生态园林概念内涵探讨

近二十年来，生态园林的概念内涵一直处在不断地研究探索中，目前尚无一个明确的定义，所见生态园林的概念多是相互转载，加以适当修改，大同小异，缺乏统一和精确度。从国内外的发展过程来看，鉴于个人的体会，我认为生态园林应该具有如下的内涵：生态园林首先是园林，它应该具有园林所包含的一切内涵和含义。园林的主体功能就是观游特性，通过植物、水体、地形、道路、建筑等园林要素创造园林景观和园林空间环境，为人们提供观赏、游览、休闲、交往、娱乐等的场所和空间，愉悦心情，陶冶情操，提供给居于园林中的人们一种文化和精神上的享受和慰藉。这当然也是生态园林责无旁贷要实现的。但生态园林又不完全是园林，它是深化了的、深层次的园林，包含着深刻的、科学的生态学原理和规律。也就是说，生态园林高于园林的所在是生态园林要体现生态的协调性、生态结构的合理性和生态的效益性。生态园林从来都是以自然环境为载体，在可持续发展的前提下建设人与自然、人与社会、人与生物协调共生的园林景观。其整个过程始终遵循生态学的科学原理和规律，强调生态结构在时间、空间、营养、能量、信息上的科学、合理、高效，最终实现最大化、最优化的生态效益以及由此带来的经济、社会、文化效益。因此，只有园林与生态有机结合而成的生态园林才是传统园林的出路，才是城市可持续发展的出路。

3 走生态园林之路的意义与必要性

3.1 环境污染生态破坏的严峻现实要求城市发展生态园林

当前环境与发展成为国际社会普遍关注的重大问题。保护生态环境、实现可持续发展已成为全世界紧迫而艰巨的任务。据联合国预测，城市区域人口会进一步膨胀，工矿企业、建筑也将会更高度密集，废气、废水、废渣、噪音、射线、垃圾等将使人类备受其害。我国幅员辽阔，地理条件复杂，气候多变，人口众多，是各种自然灾害频发的国家之一。工业正处于迅速发展的时期，由于基础差，起步晚，技术比较落后，环境污染生态破坏状况比较突出。城市绿化因具有改善卫生环境、蓄水防洪、防灾、承载游憩、城市节能、净化空气、减少噪声、调节气候、防灾减灾、美化环境、增进身心健康等不可替代的功能而日益引起人们的重视。发展生态园林已迫在眉睫。城市发展生态园林是治理城市环境污染、改善城市生态环境、实现生态平衡的一项有力措施。

3.2 现代城市建设要求城市发展生态园林

21世纪是城市的世纪，一些专家预测2020年中国的城市化水平将超过50%[3]。随着现代化城市的发展、社会经济的高速进步，城市的生态环境问题已成为城市生存和可持续发展的大问题，而人们生活质量的提高必然要求不断提高城市环境质量。城市园林绿化是城市解决环境污染和生态问题，改善城市人居环境，实现城市环境美化和生态优化的治本之道和根本策略，也是城市化的重要组成部分。因而在传统的园林中必然要考虑解决现实的生态问题，以符合现代园林的发展需要。因此，发展生态园林是现代化城市建设的要求和现代城市发展的必然趋势，也是顺应时代的发展，建设生态园林城市和国家园林城市的要求。

3.3 发展生态园林也是促进城市经济发展的重要举措

生态园林是发展生态经济的支柱。生态经济是一种新的发展模式，也是对工业经济的一种反思和创新。实现可持续发展的主要措施是运用生态学原理，以保护和改善生态环境和维持生态良性循环为核心，以实现资源的合理开发和永续利用为重点，推广应用环境无害化技术和清洁生产技术，把经济发展和环境保护两者有机统一起来[7]。同时优美的城市环境是招商引资最好的宣传广告，可以使土地增值，可以吸收人才，提高科学技术水平，从而加速整个城市经济快速发展的步伐。

3.4 生态园林是城市园林绿化发展的方向

根据联合国关于最适人类居住城市评选标准和1992年在巴西召开的各国首脑"联合国环境与发展大会"宣言：城市与自然共存，建立生态城市已被引起普遍关注，保护自然，维护生态平衡已成为人们的必然追求和向往，城市生态园林已成为现代化城市的重要标志之一，生态园林也必然成为城市园林绿化发展的方向。

3.5 发展生态园林是城市可持续发展的必要途径

生态园林是实现生态安全的屏障。城市的生态安全形势严峻，已威胁到经济的发展和市民的身心健康。治理环境，加强生态园林的进程，已成为当务之急。园林是城市的自然生态系统的主体，可以发挥生态功能，保障生态安全。城市园林是一种资源又是一种生产力，它是推动城市发展的动力[7]。

4 生态园林与国家园林城市建设

4.1 生态园林与绿地系统规划

生态园林城市建设和城市绿地系统建设二者相辅相成、相互促进。

4.1.1 建设生态园林城市有助于城市绿地系统的建设完善

当前，各大城市都在积极地编制新的城市总体规划和围绕创建"园林城市"的城市绿地系统规划。"国家园林城市标准"明确规定：城市绿地系统规划编制（修编）完成并获批准纳入城市总体规划，严格实施，取得良好的生态、环境效益。生态园林城市建设目标的确定是绿地系统建设完备完善的标志体现，是为城市绿地系统建设注入更高的要求标准。

4.1.2 城市绿地系统规划的完善有利于发展城市生态园林

城市生态环境的改善是全方位的，通过绿地系统来改善城市生态环境不仅是为了景观美，更重要的是保证生存质量[8]。在城市生态系统中，唯一能够以自然更新的方式改造污染环境的因素，就是绿地（包括一部分水面）。城市必须与自然共存才能缓解或避免环境恶化和由此带来的种种危机。所谓城市与自然共存，也就是与绿地共存。如今生态园林已渗透到绿地建设之中。城市绿地系统包括的几种绿地形式从点、线、面上涵盖了绿地系统的布局，是发展生态园林城市的基础和依托。要做到城市与绿地协调，首先要实现合理的绿地面积比例与分布状态，然后是绿地内合理的结构状态和最受广大群众欢迎的审美内容。城市园林绿地系统将作为生态园林建设的重要载体。建设部自1992年在全国开展评选园林城市活动，并将"改善城市生态，组成城市良性的气体循环"，"城市热岛效益缓解"列入评选标准。发展城市生态园林其本质核心就都是要增加绿化面积，维护生态平衡，建立较为完善的城市所依托的生态系统，实现人类与自然的和谐共存[3]。

4.2 生态园林与生物多样性保护

4.2.1 植物多样性是发展城市生态园林的基础

植物群落是生态园林的主体，也是生态园林发挥其生态作用的基础。生态园林本身也造就着生物多样性。园林绿地结构愈复杂，生物种类越多，园林绿地系统就越稳定。城市是一个生物物种匮乏、自然因素奇缺的环境，生态园林需要植物的多样性，还需要动物和微生物的多样性。只有丰富的物种多样性才能形成缤纷多彩的群落景观，减少因城市的拥挤及建筑物的高大、单调所带来的压抑感，也才能构筑具有不同生态功能的植物群落，改善城市生态环境[9]。

4.2.2 城市生态园林建设是实现城市生物多样性的根本途径

生物多样性是人类赖以生存和发展的多种生命资源的总和。保护和发展生物多样性对人类的生存及社会经济的持续发展有着重要意义。近年来，城市生态园林的兴起，将城市园林从传统的游憩、观赏功能发展到维持城市生态平衡、保护生物多样性和再现自然的高层次阶段，为生物多样性保护创造了机会。

4.2.3　生物多样性保护是城市园林建设的一项重要任务

城市生态园林的外部形式应该符合美学规律，其内部结构与整体功能应符合生态学原则和生态学特性。由于城市的城市化进程和盲目建设以及传统园林导向的偏离，使得城市自然群落种类组成减少，生物多样性减少，城市景观变得单调，缺乏自然性，从而使城市生态系统变得更加脆弱。

城市生物多样性保护是整个自然保护的重要部分，丰富城市生物多样性应成为城市生态园林建设的一项重要任务，以使人工园林与自然生物群落完美结合。生态园林不仅仅强调城市局部绿地的建设，而是扩展出城区的局限至广大郊区，将其作为一个整体，实行统一规划，这在更大范围和层次上为保护、发展生物多样性提供了有利条件和可能，应在城市生态园林建设中体现保护与发展生物多样性的宗旨，将生态园林建设与生物多样性保护有机结合起来。

4.2.4　城市生物多样性是城市生态园林水平的重要标志

城市生物多样性是城市生态园林水平的重要标志，也是整个城市环境质量的标准。生物多样性是适应环境的结果，环境能提供的生境越多样，定植和栖息的物种就越丰富。多个种组成的植物群落要比单一种的群落具有更大的稳定性。城市中由于人为干扰和随机因素较多，环境变化快速多样，较高水平的物种多样性能使园林植物群落相对于环境及其变化有更好的适应、调整能力，同时也可以保证景观多样性和功能多样性。

生态园林的主体是自然生物群落或模拟自然生物群落，根据生态学上"种类多样性导致群落稳定性"的原理，要使城市生态园林稳定、协调发展，维持城市的生态平衡，就必须充实园林的生物多样性，从这个意义上讲，生物多样性应该是衡量城市生态园林完美、稳定与否的一个重要指标。

4.2.5　城市的地域特色与生物多样性保护

城市生态园林的地域性与生物多样性保护的关系应该是以突出区域地带性植被为重点，充分利用乡土植物资源，以形成具有地域特色的城市生态园林植物景观。

4.3　生态园林文明建设

园林景观是一种资源，一种艺术，又是一种文化，它对于推动社会进步，加强精神文明建设，具有巨大的社会功能。长期受城市园林的熏陶，使人精神境界不断得到升华，思想灵魂得到洗礼，潜移默化中人的价值取向趋向健康、向上[7]。生态园林文明重在生态文明，它是一种先进的文明，体现了人与自然、与社会的和谐统一，展示了时代的精神风貌和时代特征。生态园林文明是城市生态文明的重要组成部分，也是建设城市生态文明的基础，生态园林文明的兴起和建设必将推动城市生态文明、物质文明、精神文明和政治文明向纵深发展。生态园林文明应该包含生态园林的伦理和道德，生态园林的美丑和善恶以及生态园林的义务和公德，只有将生态园林意识上升为整个城市的意识、城市中每个人的意识甚至是国家和民族的意识，国家、城市和园林才能真正实现可持续发展和永续利用。

本文参考文献

[1]　李文广. 庞端华. 关于建设生态园林城市的探讨. 防护林科技，2002（3）：70.

[2]　杨会容．范青．建设生态园林改善环境质量．北方园艺，总126：77.

[3]　魏芝琴．姜来成．侯杰．城市生态园林初探．防护林科技，1998（3）：48-50.

[4]　黄晓雷．初谈生态园林．生态科学，1999（3）：76.

[5]　王浩．赵永艳．城市生态园林规划概念及思路．南京林业大学学报，2000（5）：86.

[6]　田松．吕南楠．龚莉茜．青岛市海滨风景区生态园林建设初探．山东林业科技，2003（6）：61.

[7]　万方珍．长沙市城市生态园林建设战略研究．湖南林业科技，2004（4）：72.

[8]　王欢．关于城市生态园林建设．南京农专学报，2003（3）：31-35.

[9]　陆杰．植物多样性与生态园林建设．安徽林业，2001（1）：25.

昆明建设国家园林城市对策探讨

摘　要： 总结了昆明城市园林绿化建设存在的差距，在借鉴欧美大都市城市绿化经验的基础上，依据新的《国家园林城市标准》内容，结合昆明市实际，从几个方面提出了昆明建设国家园林城市的对策。

关键词： 国家园林城市；标准；对策；昆明

从1992年开展国家园林城市创建活动至今全国已有56个城市（城区）获得"国家园林城市（城区）"称号，其中省会城市有8个。13年的创建实践过后，建设部对原标准进行了修订，出台了新的《国家园林城市标准》，对比原标准不难看出：新标准中园林城市三大基本指标即人均公共绿地、绿地率（%）、绿化覆盖率（%）均有所提高，人均公共绿地从6.5m²到7.5m²提高了1m²，绿地率（%）和绿化覆盖率（%）分别从30%到31%，35%到36%各提高了1个百分点，这说明新的国家园林城市创建的总体要求提高了。但同时也可以看出，新标准增加了"立体绿化"部分，而且对于立体绿化具有一定规模和较高水平的城市，其立体绿化可按一定比例折算成城市绿化面积，这实际上又为国家园林城市的创建创造了有利的条件，可以调动城市开展立体绿化的积极性和主动性。另外，申报国家园林城区的范围也由直辖市的城区扩大为省会城市和计划单列市的城区，这又为申报和建设的先后提供了选择，对于不具备国家级园林城市标准的城市可先申报国家级园林城区，以点带面，示范创建，从而推动整个城市园林绿化建设的步伐。

1　昆明城市园林绿化建设的实践和存在的差距

昆明作为云南省的省会城市和著名的旅游城市，拥有得天独厚的自然地理、气候资源、生态环境、民族文化条件优势，建设"国家级园林城市"势在必行。自1999年成功举办"世界园艺博览会"以来，昆明在城市园林绿化建设和管理上进行了大量的实践，城市生态环境面貌得到了明显改观，城市面貌焕然一新，同年昆明被评选为全国园林绿化先进城市。特别是近5年绿地面积的增加更为迅速，全市新建了多处公园，新建、改建了大量绿化工程

注：该文章最初发表在《林业调查规划》2006年31卷第3期。昆明市于2010年获批国家园林城市称号。

和道路工程，这些公共绿地和绿化工程的建设，对提升昆明的整体生态环境质量，缓解市中心的"热岛效应"起到了重要作用。同时，昆明也实施了大规格乔木进城计划，推进拆墙透绿工程，不仅使得公共绿地得到快速发展，单位附属绿地、居住区绿地也得到了同步发展，涌现出了大批环境优美的绿化单位，其中250多家被授予"昆明市花园单位"称号。

但目前昆明城市绿化依然存在较大的差距，主要表现在：绿地规模和质量总体水平不高，绿量不足；绿化特色明显不足；绿地组成结构不合理，道路绿化不完善、绿地率偏低；城区绿化程度很低，特别是一环路以内，建筑密度大、人口多、人均公共绿地严重不足；生态学的应用层次浅，对绿地作为其他物种栖息地的作用和功能重视不够；对绿地群落发育的生物过程和生态过程重视不足，植物品种单调、无法体现生物多样性要求，绿地群落有待进一步优化；绿地分布不均，城乡绿化没有形成有机的整体等。"园林城市基本指标"要求秦岭淮河以南地区绿地率（%）不低于31%，绿化覆盖率（%）不低于36%，人均公共绿地不低于7.5m²，而2004年年末统计显示：昆明建成区绿地率为25.7%，与国家标准相差5.3%；绿化覆盖率为26.78%，与国家标准相差9.22%；人均公共绿地为6.04m²，与国家标准相差1.46m²，要达到国家园林城市的指标要求还有一定的距离。

2 欧美大都市城市绿化的经验借鉴

城市园林绿化作为现代化都市的重要基础设施，是促进经济、社会、人口、资源的协调发展，提高城市综合竞争力的重要因素。而优良的城市生态环境又是一个城市可持续发展的基础和持续的城市魅力所在。生态环境质量和城市绿化水平是欧美大都市城市建设的重要内容，其先进的理论和经验可为我们学习和借鉴。

2.1 绿地系统规划科学合理、特色鲜明

2.1.1 重视城市绿色网络的规划建设

应用景观生态学原理与方法，利用绿廊、绿楔、绿带和结点等营造能保持自然过程整体性和连续性的动态绿色网络。如伦敦建成平均宽度达8000m的楔入式环城绿带；巴黎在距市中心10～30km内规划建设面积达1187km²的环城绿带；新加坡的"公园绿带网"，以绿带连接全岛主要公园以及居民中心区、公共交通枢纽站和学校等；伦敦还开展"城市人行道"规划建设，设立连接绿色空间和乡村的绿色人行道网络"绿链"，增加绿地的可进入性和环境质量，提供一种在伦敦城区享受乡村式生活的体验。

2.1.2 绿地规划融合历史文脉、文化底蕴、休闲和运动等

巴黎建立了贯穿历史的绿道和"历史轴线"，把自然绿化空间与人文特色空间相结合，成为建筑与绿化相结合的绿色走廊；伦敦在规划图上对所有有历史意义的开敞空间采取长期的保护和改善策略，通过绿化提升休闲和文化价值。而绿地与体育的结合，更是欧美城市绿化的普遍趋势。

2.1.3 绿化规划与产业结构调整、生态环境改善结合

受损地、废弃地和污染地的生态恢复与重建是欧美大都市城市绿化的热点，并特别重视维护野生动植物生境和发挥其生态价值。巴黎在1980年后外迁或关闭了一万多家工厂（面积

$3000hm^2$），将50%的面积改作绿地和公共场所，建立了诸如21世纪城市公园的拉维列特城。伦敦顺着风向建设带状绿地，促进城市风道通畅和空气循环流动，降低城市热岛的形成机会。

2.1.4 城市绿化不再囿于城区范围，而是实施城乡一体化绿化格局，营造城市森林

城市绿化拓展到城市郊区森林、农田林网、果园和农田等能调节城市生态环境的植被，如巴黎的森林面积$2880km^2$，占土地面积的24%，形成了诸如凡尔赛森林和枫丹白露等著名的郊区森林，使巴黎森林成为人和自然和谐共存的绿肺；新加坡将农业和沼泽地等与城市绿地渗透，占国土总面积50%以上。

2.1.5 城市绿地具有合理的分级系统，城市绿地率高，城区大型绿地比例大

根据绿地大小、功能、位置等建立绿地分级系统，评定城市绿地的合理程度和规划新绿地，确保市民在日常生活中就能达到与自然相联系。如巴黎提出的服务半径与绿地规模，即面积$1\sim10hm^2$的绿地服务半径为250m；$10\sim30hm^2$的服务半径500m，$>30hm^2$的服务半径1000m，超过半径圈的为远离绿地。新加坡则制定了每1000人有$0.8hm^2$绿地的标准，每个房屋开发局建设的镇区应有一个$10hm^2$的公园，在每个楼房居住区，500m范围内应有一个$1.5hm^2$的公园。

多数国际化大都市都拥有高比例的绿地，如伦敦人均公共绿地面积$24.6m^2$，绿地覆盖率42%，大于$20hm^2$的大型成片绿地占总绿地的67%，市中心拥有海德公园、圣詹姆斯公园等大型公园。即便是东京等绿地率较低的都市，也通过大规模的立体绿化及建设屋顶花园来提高绿量和绿视率。

2.2 城市绿化重视生态过程的恢复，将自然保护列为城市绿化的基本内容

欧美国家常以野生动物尤其是鸟类的出没状况衡量城市绿地建设和生态环境质量，提出接近自然的绿化理论，并通过绿地的自然化、生态公园、废弃地生态改造、湿地管理、自然保留地和人工野生生物栖息地等，创造适合野生生物生存的生境，形成健康稳定的城市绿地。

2.3 植物种植合理，城市景观优美

园林植物种类丰富，种植设计科学合理，园艺技术先进，科技含量高，城市景观优美，绿地生态功能健全。各类植物合理的配置，不仅使城市景观优美，且因植物群落结构稳定，使养护量大大减少。

2.4 非政府组织和公众的互动管理，法制健全，执法严格

绿地管理权力社会化和多元化，组建人数多、自觉性高、社会支持力度强的志愿者团体等非政府组织，用市场机制与非政府组织合作等方式提供最大的公共服务。如伦敦政府给志愿者组织提供资金和技术指导，建立伦敦生态中心，而政府必须管理的绿化事务，则尽可能采取招标、承包、委托等市场化手段。另外，通过法令来保障，如巴黎规定每诞生一个孩子种植10棵树，每年可增加$100hm^2$树林，推动公众关注和支持绿化事业。

3 昆明建设国家园林城市的指导思想

3.1 根据国家园林城市指标要求，依照人与自然和谐的原则，高起点、高标准规划昆

明城乡一体、各种绿化衔接合理、生态功能完善稳定的绿化系统，集中城市化地区以各级公共绿地为核心，郊区以大型生态山林地为主体，成为山、池、城、林交相辉映的山水园林生态城市。

3.2　调整绿地布局，完善绿地类型，科学配置绿地植物群落，提高绿地养护水平，丰富各级绿地的生物多样性和历史文化内涵，提升绿化质量，塑造历史文化名城和"春城"的特色。

3.3　山林地建设以培育、发挥山林地生态功能为核心，植物群落的设计和树种的选择体现山林地生态系统的层次性、整体性和稳定性，以乡土树种为主，促进森林的健康生长、群落发育和自我维持、更新能力，体现昆明作为山水园林生态城市的特色。

3.4　重视生态过程的恢复，以滇池环境保护和生态建设为核心，将自然保护列为城市绿化的基本内容，以实现城市的可持续发展。

4　昆明建设国家园林城市的对策

4.1　公园、广场绿化

公园、广场绿化要突出以植物造景为主，尽量少铺装地面，使其更接近自然生态环境。绿化面积应占陆地总面积的70%以上，植物配置科学、合理，乔灌花草相结合，形成复层绿化结构，并体现亚热带常绿阔叶林的区域地带性植物特色，优先选择亚热带常绿阔叶林的代表科：樟科、木兰科、壳斗科、金缕梅科、山茶科植物。建筑小品、城市雕塑要配合绿化突出昆明历史文化风貌和特色，与绿化环境协调统一。确定适宜的公园建设规模和服务半径分级，合理布局公园绿地。

目前昆明主城区内建有十几处公园，但都集中在城市北面和西面，且二环内很少，城市中心区人均绿地面积仅为 0.64m²，与国家标准中要求的 5m² 相距甚远。分布上也很不均匀，公园与公园之间也缺乏有机联系。按照国家园林城市标准，城市公共绿地应布局合理，分布均匀，市民无论处在哪里，只要走 500m 就应达到一个占地 1000m² 以上的公共绿地，因此，需要在城市绿地系统规划和实践中加以解决，要全面启动建绿工程，要舍得拆房建绿，特别是对烂尾楼和已圈地但迟迟未做任何项目工程的用地，要做到全面拆烂建绿，甚至征地建绿、租地建绿、见缝插绿，力使二环内公园、广场绿地达到较高的绿化覆盖率和绿量，以重建昆明市主城核心区优美的绿化景观面貌，进一步提升昆明市的品位和形象。

4.2　道路绿化

作为联系城市各个部分的道路的绿化是城市绿化网络中不可缺少的部分。道路绿化应考虑植物配置、遮阳效果、景观功能以及健康安全等因素，视道路两侧空间情况，可种植 2～5m 的林带，组成乔灌草复合型植被。符合《城市道路绿化规划与设计规范》，特别是对新建道路，达标率一定保证在80%以上。

昆明市道路绿化普遍靠种植一行树木来进行，行道树小，遮阳面积也小，多在新建的道路才配置了灌木和草地。没有绿化带或绿化带面积较小的街道（如南屏街、正义路、东风西路、东风东路、青年路等）多是市中心的主要繁华街道[1]。达标率不高。新改扩建的道路在改善城市交通、扩大绿化面积、提高城市形象上取得了良好的效果。对于年代久远、改造难度很大的道路其绿化亦应保证，以达到《国家园林城市标准》规定的95%以上的普及率。可以采用移动树坛、花坛的方式来弥补，也可以获得一定的效果，这在昆明GMS（大湄公河次区域经济合作）会议期间的城市绿化中已得到证实。全市的道路在有条件的情况下，如环城东路、大观路、烟草路、东风路、十里长街、广福路、白龙路、龙泉路，都应力争建设或改造成林荫路，且形成系统，以绿带连接绿点和绿面，形成绿化网络，改善目前昆明市林荫道路少且不成系统的局面，提高绿化整体的景观效果和生态效益。对于已形成的林荫路要予以保留，要注意保护城市原有自然风貌，体现昆明城市历史和文化积淀。根据道路性质、功能和宽度选择乡土树种如滇朴（*C. kunminggensis Cheng et Hong*）、滇楸［*C. fargesii Bureau*（*Farges Catalpa*）*f. duclouxii Dode*］、云南樱花（*P. cerasoides D. Don*）、复羽叶栾树［*K. bipinnata Franch.*（*Bougainvillea Goldraintree*）］、云南樟［*C. glanduliferum*（*Wall.*）*Nees*（*Nepal Camphor-tree*）］等作为行道树，形成每条道路的特色和识别性。我国一些城市的道路绿化如北京的国槐、南京的雪松和广玉兰、南宁的扶桑、重庆的黄葛树、深圳的叶子花等都给人以深刻的印象，体现了城市自身的特色和地域性，可引以为借鉴。

4.3 居住区、单位绿化

近年来，昆明市的房地产小区如雨后春笋般涌现，其绿化面积均可以占到总用地面积的30%以上，甚至个别小区打出超高绿化率的牌子。但对于旧居住区的改造则不容乐观。按照《国家园林城市标准》，旧居住区改造，绿化面积不少于总用地面积的25%。因此就必须加大力度想尽办法增加绿化面积，见缝插绿，拆房、拆烂建绿，甚至征地、租地建绿。要尽快制定"园林小区"评选标准并开展相关的评比活动，促进居住区绿地的建设和完善，达到国家"园林小区"占全市60%以上的目标。

对于单位绿化，国家"创建园林城市"要求中提到，城市主干道沿街单位须有90%以上实施拆墙透绿，但目前昆明市仅有约20%的单位做到了。因此，务必保证实施市内主干道沿街单位拆墙透绿工程，这对于提升昆明市整体绿化面貌，增加绿视量，愉悦身心，形成"城在绿中，绿满城市"的绿化形象将起到至关重要的作用。

4.4 防护绿化与苗圃建设

按照卫生、安全、防灾、环保等要求建设好防护绿地。昆明市周边要建有绿化隔离带，以绿化连接城乡，实现城乡一体的大园林绿化。市内功能区域之间亦应建有绿化隔离带，以缓解城市热岛效应，提高环境效益，优化城市功能。

苗木是绿化建设的物质基础。昆明现有苗圃生产绿地主要集中在主城区周围[2]，全部生产绿地仅为建成区的1%左右，面向城市道路绿化的苗圃几乎没有。随着现代新昆明建设的加快和国家园林城市建设的推进，苗木生产与绿化建设之间的供需矛盾将变得更为突出。为缓解这一矛盾，确保各项绿化美化工程所用苗木自给率达80%以上，应加强苗木后备基地建设，保证生产绿地面积占昆明市建成区面积（昆明市建成区面积180km²）2%以上，达到3600hm²以上，可以考虑利用郊区县城土地资源，在晋宁、嵩明、富民、呈贡等地建设大型苗圃基地。

4.5 立体绿化

由于城市中高楼林立，线条生硬且阻隔视线，使人有一种置身于"灰色森林"的压力感。因此，21世纪的城市绿化应是立体发展的[3]。在目前昆明市地面可绿化面积较难开发的情况下，应大力推广建筑物、屋顶、阳台、墙面、立交桥等的立体绿化，包括垂直绿化、棚架绿化、屋顶绿化、悬挂绿化等形式，这是增加绿化面积的十分可行而有效的途径，在提高绿地覆盖率、绿视率的同时还可以增加景观和生态效益，提高公众绿化环保意识，给人以清新悦目之感，消除精神压力，发挥其潜在的社会效益。目前昆明市内如新迎园丁小区建筑墙面绿化、白龙路世博饭店对面墙面绿化、小菜园立交桥绿化等，均获得了很好的景观和环境效果。

5 结语

国家园林城市建设是一项系统工程，需要有效的组织领导和强有力的管理，除了园林绿化建设以外还包括景观保护、生态环境和市政设施等内容，除了需要风景园林专业人员以外还需要文物古迹保护、建筑学、生态学、环境学、市政工程学等众多专业人员以及全体市民的参与，只有将国家园林城市建设活动变成全民的意识，变成全民的行动才是建设国家园林城市的最有效、最有力的对策。

致谢：在论文撰写的过程中得到了昆明市园林局杨杨同志的热心帮助，在此表示衷心感谢！

本文参考文献

[1] 张一平等. 昆明城市主要街道绿化状况分析. 云南地理环境研究，2003（2）：3.

[2] 周昕. 昆明城市绿地系统规划研究. 中国园林，2002（2）：43.

[3] 王祥荣. 面向21世纪城市绿化发展的思路和对策. 城市环境与城市生态，1999（1）：62.

"天人合一"与"生态园林"

摘　要： 在分析"天人合一"的宇宙观对中国古代园林的影响和阐述"生态园林"理念的内涵的基础上，揭示了古今这两种园林思想在人与自然相和谐方面的不谋而合的统一性和一致性，探讨了生态园林文化对自然与人类共存的促进作用和前景。

关键词： "天人合一"；"生态园林"；生态园林文化；共存

本文前言

园林作为一种创造优美环境的空间艺术，其任务是向人们提供亲临自然之境、享受自然之惠的条件，从而使生活更为美好，身心得以陶冶。自从人类进入文明社会之后，造园活动就逐渐出现在上层阶级的生活当中，先是帝王、贵族、达官们的苑囿、宅园、离宫、别馆，进而是一般官僚、富豪、地主、商人们的园林，随后又是城市绿化、风景名胜区和名山大湖的开发与建设。人类社会愈进步、生活愈富裕、文化程度愈高，对环境园林化的要求也愈强。

注：该文章最初发表在《生态经济》（CSSCI检索）2007年第6期。

1 "天人合一"的宇宙观

1.1 传统文化思想溯源

我国传统文化总结起来，大致可以概括为儒家、道家两大源头，二者在发展过程中逐渐形成了"我中有你，你中有我"的局面，再加上后来的禅宗思想，形成了中华民族传统文化的思想渊源。

占有主导地位的儒家思想，一般认为是以仁为基础，礼乐为熏陶，注重人格的锤炼和品性的培养。"仁"是被作为做人的根本要求的，有了"仁"，才谈得上礼、爱，才能具备做人之道。也就是通常所说的在个人内省的基础上，以宗法、伦理、道德关系为核心，力求自身人格的完善，维护礼制和社会道德秩序，进而培养人的社会意识和责任感。

老子是道家的创始人，后来庄子又进一步发展了道家学说。道家重在对自然、对天地宇宙的探求，把人与人、人与自然的许多复杂关系抽象概括为"道"。从哲学意义上说，是与天地共融的世界观的反映。庄子同样提倡顺应自然，心志淡泊，主张"虚静恬淡，寂寞无为"（《庄子·天道》）。老庄都提倡素朴、崇尚自然，不以人工造作为美，不以感官感受为荣的审美意识，是后来主张清新典雅、师法自然，把"归真返璞"（《国策·齐策四》）作为理想境界的思想根源。历代园林主人也深知其意义，对园景特别是植物景观，都选用富有文化内涵、可供品性磨炼者，不以红艳花色取胜。当园主造园，旨在深藏避世时，便与老庄的这些情趣契合无间了。这一系列的思想与孔子倡导的仁、义、礼、乐等是完全相背道了。但老子也认为只有具备社会责任感和道德观，才能维持正常的社会秩序，才有社会的稳定，才能保证人民的生活安定。

因此，从社会效果衡量，儒家与道家的思想有许多相近的方面，是相辅相成、互为补充的，是我国传统文化中众所公认的、流传不衰的两大源流。

1.2 "天人合一"的宇宙观对中国古代园林的影响

西汉时期的董仲舒把古人天、人之际和谐的观点引申为自然与人为、自然与人的合一，即"天人合一"。《春秋繁露·立元神》中有一段："天地人，万物之本也。天生之。人成之。天生之以孝悌，地养之以衣食，人成之以礼乐，三者相为手足，合以成体，不可一无也"；同书《身之养重于义》篇中又有："天之生人也，使人生义与利，利以养其体，义以养其心，心不得义不能乐"；《深察民号》篇中提出："天生民性，有善质而未能善，于是为之立王以善之，此天意也。"这些论述的中心是：天、地、人是互为联系的，紧密相依的，天是主宰万物的，人是宇宙的中坚，天与人互为感应。董仲舒还把人化了的自然赋予人的性格，从伦理道德到精神思想，形成人与大自然的统一。古人把观察天地自然的过程作为主体道德观念寻求客体再现的过程，也是基于人的性格心理与自然相和谐统一的这一哲学基础。

"天人合一"的宇宙观，决定了园林景观要融汇到无限的宇宙之中才是最高尚的审美情趣。在古代，当园林有限的尺度与无限宇宙之间的矛盾永远无法统一时，特别是私家园林难以和气势恢宏的皇家园林相比时，园主便不得不仰仗借景、缩景、"壶中天地"（《后汉书·方术传下》）、"芥子纳须弥"（《维摩经·不思议品》）等艺术手法来达到万景天全的境界。甚至更从主观情怀出发，用"有我之境，以我观物，故物皆着我之色彩"（王国维《人间词话》）的意境思维来辅佐着有限的尺度，求得园虽小而景物体系却能完备的思想天地。

在天人合一思想的支配下，力求最大限度地让自然山水渗入生活的周围，并幻化人格的象征，以此作为最高的审美情趣。所以造园配景，便外师天地造化，处处以借缩天然景色，人工造景力求仿效自然为最高追求。同时认为，人只要忘却私我，保持本心，便可达到"天人合一"的境界。这一宇宙观念直接影响了中华民族的思维方式和文化内涵，也间接促使造园配景，植物配置重视文化内涵，构成了极富文化情趣的古典审美意识。

中国自古以来的崇尚自然、热爱自然的传统是"天人合一"的思想观念占有极大的优势的结果，不论是儒家的"上下与天地同流"（《孟子·尽心》），还是道家的"天地与我并生，而万物与我为一"（《庄子·齐物论》），都把人和天地万物紧密联系在一起，视为不可分割的共同体，从而形成一种主观力量，促使人们去探求自然、亲近自然、开发自然；另一方面，祖国各地的美好景色又激发人们热爱自然、讴歌自然的无限激情。独树一帜的自然山水园林就在这种思想和观念形态的孕育和影响下得到了源远流长和波澜壮阔的发展，成为"天人合一"宇宙观的完美的艺术显现，取得了光辉灿烂的成就。

2 "生态园林"理念的内涵

有关生态园林的概念内涵至今仍然是众说纷纭，莫衷一是，有着不同的见解。从国内外的发展过程来看，作者认为生态园林可以考虑从以下几个层面来理解。

① 哲学思想层面　生态园林的实质是以人、社会与自然的和谐为核心，在和谐的基础上实现人类自身的可持续发展，是以创造生物和谐共荣的园林景观与环境为目标的。

② 生态学层面　生态园林愈加重视生态学原理的应用和实践，以包括信息、新能源、新材料、生物等生态技术为手段，使物流、能流、信息流、生物流高效利用，期望以尽可能少的投入获得尽可能大的效益。

③ 园林学层面　园林植物在生态园林中居主导地位，提倡和强调植物造景是生态园林的首要任务。通过保护各种自然植物群落和建立模拟自然植物群落，充裕园林的自然性，这也是人类热爱自然、尊重自然、模仿自然的一种必然选择。

④ 经济学层面　生态园林不仅追求量上的增长，更注重质上的提高，强调园林三大效益，即生态效益、社会效益和经济效益的综合，从该层面理解的生态园林是以提高物质性资源的利用效率和再生能力为目的的。

⑤ 园林文化层面　生态园林崇尚生态伦理道德，倡导绿色生态文明，力争在生态园林建设当中保持地域文化特色和文化艺术品位。

总之，生态园林不应该是一种统一、固定的模式，它可以从上面的几个层面去理解，但具体到生态园林建设和发展的实践就应结合具体的，比如具体某一城市的特点、条件、要求等制定相应的对策措施。也即生态园林应该是动态的、具有时间和空间的概念和尺度，不应该是一成不变的，应该是百花齐放的，只有具备这样的内涵的生态园林才是有生命的和可持续的。

3 "天人合一"和"生态园林"的统一性和一致性

综合上面的分析和阐述，"天人合一"和"生态园林"古今这两种园林思想有着不谋而合的统一性和一致性，主要体现在以下几个方面。

① 二者在对自然性的追求上是统一和一致的。

中国园林总体上遵循"虽由人作，宛自天开"的原则，注重对自然之美和天然情趣的探求，在造园的过程中追求自然之理、自然之趣，力求达到取法自然的艺术境界和在自然空灵的世界里获得精神的解脱、陶醉、寄托和升华。现代生态园林倡导以人、社会与自然的和谐为核心，根据生态学原理和理论模拟再现自然山林景观和自然植物群落景观，为人们提供接近自然的环境和机会。

②二者在生态学理论的实践上是统一和一致的。

事实上，中国古代园林在充分利用地形、地物上崇尚自然，亭、台、楼、阁与花草树木配置协调，相映成趣。这些园林内容从生态角度考虑都有意无意地运用了生态学原理进行植物的配置和景观的营造。早在西周时期植物的生态习性就为人所熟悉——山林地，宜耘阜物（壳斗科植物），川涂地（河边），宜耘膏物（杨柳），丘陵地，宜耘核物（核果类），坟衍地，宜耘荚物（豆科），原湿地（池沼水畔），宜耘丛物（芦苇类）[1]。现代生态园林则愈加重视生态学原理的应用和实践，注重园林的生态效益、社会效益和经济效益，如根据不同植物在空间、时间和营养生态位上的分异进行合理配植；遵从互惠共生原理和竞争原理协调植物之间的关系；利用生物多样性原理营造复层植物群落；利用景观生态学原理规划建设园林绿地等。

③二者在植物配置与造景的内容上是统一和一致的。

古代园林艺术中，园主在植物的选择和营造上多精心处理，植物往往具有丰富的寓意和象征，通过合理的配置，将植物的寓意和象征意义予以表达，创造意境和浓厚的文化氛围，实现功能、形式和意义的统一。现代生态园林则更强调植物的主体地位，以植物造景为主，以便更好地体现生态园林的内涵。现代生态园林也同样注重园林、绿地的意境和文化，主张园林要与人文历史、地域特色、民族风貌等相结合。

④二者在维护生态平衡的作用上是统一和一致的。

"天人合一"思想影响下的中国古代园林主旨并不是直接思考生态平衡或致力于环保的，但客观上还是制约了对环境的破坏，或者有助于培养一种善待自然物的心态。现代生态园林则以维护生态平衡为主导，着眼于整个生态环境的保护，合理布局园林绿地系统，以达到系统的整体效益最佳。

4 生态园林文化对自然与人类共存的促进作用和前景

园林是人类社会发展到一定阶段的产物，是人类社会的一种现象。在其发展过程中，每个时代、每个地域、每个民族都有与之相应的文化表现形式。中国古代园林以其独树一帜的造园理论和艺术风格，创造了"虽由人作，宛自天开"的人与自然和谐统一的高尚境界。随着时代发展，社会进步，人类的文化意识追求也发生着变化，对园林文化的内涵品位、形式风格提出了更高的要求。

用生态学的思维方法，文化即是人类对所处环境的一种社会生态适应（周鸿，1997）[2]。在人与环境的关系中，人具有自然和社会的双重属性，既具有生物生态属性又具有社会生态属性。作为生物的人，人对环境的生物生态适应使人类形成了不同的人种和不同的体质形态；作为社会的人，人对环境的社会生态适应形成了不同的文化[2]。

站在文化的制高点，用生态的眼光对园林作一审视，便可发现园林发展实质上是人与自然协同进化的过程。在人类生存和文明经历了依赖自然—利用自然—破坏自然—保护自然—

人工仿效自然的过程之后，园林的发展也经历了原始园林－古典园林－公共园林－生态园林阶段。

那么，如何摸索出一条反传统的现代化道路，避免遭受生态荒漠的噩运，关键在于人类生态关系的诱导。其核心是如何影响人的价值导向、行为方式，启迪一种融合东方天人合一思想的生态境界，诱导一种健康、文明的生产方式[3]。生态园林即是在生态环境危机背景下产生的，是园林发展的必然，代表了园林未来的发展方向，是人类社会文明进化的必然趋势，是走可持续发展的必由之路，也是一个人与自然和谐共生的进化过程。生态园林是对园林的生态理念、生态属性的强化和拓展，其矛头直指生态环境保护这个问题，从生态的角度模拟再现自然景观，为居民提供接近自然的生态环境。为了更好地协调人与环境自然的关系，尽可能地寻求人类与自然的共生共存，努力实现可持续发展，生态园林文化即成为唯一可选择的文化形态。

上升到生态文化的层次，生态园林也就不是单纯地去追求模仿自然，建立美好的人居环境，更为重要的是找到一条人与自然和谐相处，可持续发展的现实道路。把生态园林文化的发展放到人类与自然共存这个中心位置上，亦即用生态的观点来认识园林及园林文化，体现了人类对自身的一种终极关怀，这将真正地有助于人的发展，这才实为生态园林文化之本质所在。

生态园林文化重在生态，它是一种先进的园林文化，体现了人与自然、人与人、人与社会的和谐关系，展示了时代的文明精神风貌和时代特征。也是一种资源，一种艺术，一种培养人的社会责任感和道德观的意识形态，它对于推动社会进步，加强精神文明建设，具有巨大的社会功能。对于园林的社会价值，南朝徐勉提出了"娱休沐"、"托性灵"、"寄情赏"三点主张，它包括两个方面的内容：一是园林具有娱乐和休息的作用；二是可以寄托性灵和情感[1]。柳宗元在《零陵三亭记》中也表达了类似的思想，即君子要有游览之地，高明的消遣才能心境平和，清静坦然，这样就会礼仪通达，做事成功。长期受生态园林的熏陶，使人精神境界不断得到升华，思想灵魂得到洗礼，潜移默化中人的价值取向趋向健康、向上。

在新一轮生态革命中，现代化的内涵不是解放人们体力和智力的高能耗、高消费、高自动化、高生态影响的物质文明，而是高效率、低能耗、高活力的生态文明[3]。生态园林文化使旧有园林的内涵和外延不断丰富和扩展，它符合历史发展和保护人类生存环境的国际大潮流，是人类生态意识发展的必然，是人类重新认识人类自身与自然的关系，追求自然与人类共存的一次明智选择，在促进自然与人类共存的进程中将起到举足轻重的作用。

本文参考文献

[1] 黄莉群著. 生态园林. 济南：山东美术出版社，2006.

[2] 周鸿编著. 人类生态学. 北京：高等教育出版社，2001：47.

[3] 王如松. 从物质文明到生态文明——人类社会可待续发展的生态学. 科技前沿与学术评论，20卷2期：87-97.

二、城乡一体化的园林绿化建设

昆明市官渡区城乡水环境园林绿化与生态保护建设

摘　要： 在分析昆明市官渡区城乡水环境质量现状和存在的主要问题的基础上，开展官渡区城乡水环境园林绿化与生态保护建设的研究：依据总体思路，具体从滨河带状公园绿地、河流防护林、乡镇沟渠绿化、滇池流域园林绿化与生态保护以及水土流失区园林绿化与生态保护5个方面阐述了官渡区城乡水环境园林绿化与生态保护建设的内容，体现了城乡一体化综合考量的城区水环境园林绿化建设中的生态保护目标和实现生态保护目标的园林绿化途径。

关键词： 园林绿化；生态保护；水环境；城乡一体；城区；昆明

本文前言

生态环境是人类生存和发展的基本条件，是经济社会发展的基础。保护和建设好生态环境，实现可持续发展，是我国现代化建设中必须始终坚持的一项基本方针[1]。而城市水环境的质量改善已迫在眉睫，成为保护城市整体生态环境的重大课题[2]。官渡区地处昆明市近郊，从北、东、南三面环抱，构成了昆明重要的绿色生态屏障，境内河流水系众多，盘龙江流域、宝象河流域分布着作为昆明市和官渡区最主要的生产和生活水源的松华坝水库及宝象河水库，城乡水环境复杂，其园林绿化与生态保护建设对官渡区乃至昆明市意义重大，是贯彻云南省建设"绿色经济强省"的战略决策，加速园林绿化与生态保护建设步伐，确保全区和昆明市社会经济可持续发展的重要保障。

1　官渡区概况及其城乡水环境质量现状

1.1　官渡区概况

官渡区位于滇中高原中部滇池东北岸、昆明城区东部，是昆明市主城区的一部分，东接宜良，南邻呈贡，北毗嵩明，西与盘龙、五华两城区相连。区划调整后的地理位置北纬 $24°17'10''\sim24°54'00''$，东经 $102°41'30''\sim103°03'10''$，辖区土地总面积 $605.34km^2$，包括六个街道办事处（关上、太和、吴井、金马、官渡、小板桥）、一个镇（大板桥村）和三个乡（六甲、阿拉、矣六）。

注：该文章最初发表在《福建林业科技》（中国自然科学核心期刊、全国中文核心期刊）2010年37卷第1期。

官渡区境内山多河多，60%的国土面积属中山浅切割地貌，高原丘陵平坝占15%，其余25%的土地为高原盆地，构成阶梯状倾斜的、东北高、西南低的地势，山脉属梁王山系，海拔1925～2630m的大小山脉318座。河流有属长江水系的普渡河与属牛栏江支流的盘龙江、宝象河，分别由东北向西南注入滇池。盘龙江和宝象河是区内两条主要河流，流域面积达809.8km²，占全区土地面积的79%[1]。盘龙江主河道46.4km，官渡区境内41.1km（区划调整前统计），总径流面积847km²。属牛栏江支流的花江河、双龙河则由境内东部、北部向北流向嵩明县。其他如金汁河、马料河、白沙河等以及源于市区并纳泄城市污水的明通河、大清河、枧槽河等河流均由东北流向西南，注入滇池。

官渡区属于低纬度高原亚热带季风气候，具有热雨同季，冬无严寒，夏无酷暑，干湿季节分明的气候特征，年平均气温14.7℃，最热月7月，平均气温21.1℃，最冷月1月，平均气温7.4℃。全年日照时数2470.3h，无霜期224天，年降水量800～1200mm之间，降雨日数104天。常年主导风向为西南，风力一般为2～3级。

1.2 城乡水环境质量现状

2006年，宝象河水库为Ⅲ类水，年均值超标项目为总磷、总氮，超标率分别为79.2%、70.8%，超标倍数分别为0.36倍、0.48倍。青龙洞为Ⅳ类水，年均值超标项目为硫化物、石油类、总氮、挥发酚，超标率分别为63.6%、63.6%、100%、36.0%，超标倍数分别为4.8倍、3.0倍、4.0倍、0.5倍。沙井为Ⅳ类水，年均值超标项目为石油类、挥发酚，超标率分别为81.8%、8.3%，超标倍数分别为3.8倍、0.5倍。

宝象河在大板桥有昆明焦化制气厂南门排口污水进入，沿途有10余个汽车洗车点及餐饮度假场所的废水排入，在高桥村附近还接纳502基地及大石坝铁路片区的生活污水及下游村庄及农田排水。

大青河主要接纳小坝和市区东北部的生活和工业污水。

海河中下游主要接纳农村面源污水、城市生活污水和工业废水；水质上从土桥村以下明显恶化。

虾坝河、姚安河、老宝象河均按农灌水保护。

2 存在的主要问题及保护建设总体思路

目前官渡区城乡水环境存在的主要问题是缺乏城乡一体的水环境绿化系统，尤其缺乏水环境生态防护；滇池及建成区河道地表水质量Ⅴ类，河流污染严重，饮用水源质量超标，缺乏生态保护；综合整治大清河取得初步成效，但仍需进一步巩固成果。

针对上述问题，确定官渡区城乡水环境园林绿化与生态保护建设总体思路为：

① 充分利用官渡区境内河流资源优势，建设河滨带状公园绿地。

② 城乡水环境统筹保护与发展，建设河流防护林和实现乡镇沟渠绿化，形成城乡一体的水环境园林绿化与生态保护网络。

③ 针对不同的污染源，以加大污染治理力度，提高河流水环境园林绿化水平和生态保护能力为目标开展河流园林绿化与生态保护建设。

④ 依托官渡区境内的大面积滇池流域和较长湖岸线，建设生态湿地景观，实现湿地园林绿化、生物多样性保护以及滇池污染治理的生态保护目标。

⑤ 河道两侧应有法定绿线，主河道两侧绿线宽度应控制在20～100m之间[3]。

3 官渡区城乡水环境园林绿化与生态保护建设

3.1 滨河带状公园绿地

官渡区河流较多，尤其是在南部与滇池交汇处有较多的入滇河流，水系主要以宝象河水系为主，建成中心区主要有盘龙江、金汁河、明通河、清水河等多条城市河道，应进行重点绿化美化，打造河流两岸水滨带状公园绿地，建设景观优美、游息功能完善、生态合理的综合性、多功能滨河带状公园绿地。通过综合规划整治建设，清水河、盘龙江、金汁河、宝象河、明通河滨河绿地应成为官渡区城乡水环境园林绿化与生态保护建设的重点。

河流生态修复就是重建受损生态系统，恢复其功能以及有关的物理、化学和生物特征，再现一个自然的、能自我调节的生态系统，使它与所在的生态景观形成一个完整的统一体[4]。通过恢复河流态植被景观，强化生态保护，把河流建设成为昆明市的生态休闲廊道，把河流的保护与发展问题由单一的环保问题拓展延伸到整体生态保护和建设上，纳入到全流域经济社会协调发展中来，实现全流域的保护、开发和利用。

根据目前官渡区河流现状，除了在河流两岸冲刷严重的地段修建护堤外，河堤上应营造护岸防护林，且应与沟道以及道路防护林形成网络，组成完整的生态保护系统，使官渡区原有的河道体系得以改善，既起到防治洪涝灾害的作用，又形成美化环境的功效，成为除城市道路以外的官渡城区生态廊道的依托，未来将成为改善城区生态环境的楔形绿地。

为了维护河流廊道的生态功能，要保证足够的廊道宽度；要注重植物景观的营造，且应能与水环境融为一体。树种选择上应以乡土植物为主构成廊道的植被；植物景观搭配上应尽量采用乔灌花草组合配置，以营造丰富的景观；植物种类数量上，应力争不低于100种，以营造生物多样的植物群落景观。

滨河绿地的建设要同时加强自然景观的保护。江河湖海是城市难得的自然景观资源，是建设者应当珍惜并加以保护的。主要是保护包括地形、水体、植被等等在内的自然景观因素。自然的岸线、清洁的水质以及丰富的植被是构成滨河绿地优质景观环境的基础。

3.2 河流防护林

遵循由以单纯园林绿化为主向以生态保护建设为主转变的城乡一体园林绿化与生态保护建设思想，以防护林和乡村农田林网建设为基础，加强重点河流防护林建设工程，实现林网化、水网化，构建宽50～100m的生态隔离带，形成由远至近的楔形状态，以将郊区新鲜空气引入城市。要大力保护规划区范围内的自然河流水体，对城市河流两侧的防护体系绿带要严格规划控制，按照法定绿线要求，与城市主要交通干道、铁路沿线等的园林绿化带一起构成基本的城乡一体的园林绿化体系和生态保护框架。

3.3 乡镇沟渠绿化

根据昆明市乡镇沟渠绿化率达80%以上的要求，乡镇沟渠绿化以防护林建设为主，在沟渠两边各划定5m的防护林带，以保护沟渠和涵养水源。沟渠绿化植物可选择：杨树、柳树、龙柏、广玉兰、国槐、桧柏、臭椿、皂荚、悬铃木、泡桐、梧桐、水杉、香樟、女贞等。

3.4　滇池流域园林绿化与生态保护

滇池流域是一个独特的生态系统单元。流域中有广阔的森林、山地、湿地、农业和其它人造生态系统，并由能量流动和物质循环、生物移动以及人类活动将它们联系起来，构成复合系统。

滇池流域有70多条大小河流呈向心状汇入滇池，直接流入滇池的主要河道有29条。多数河流流程短，不流经城市的河流一年中有半年时间河床干涸，流经城市的河流因接纳城市生活污水，水质较差。现在，多数流经城区的河段已被覆盖，西部的河道主要进入草海，东部和北部的河道主要进入外海。

官渡辖区中滇池流域面积372km²，占全区总面积的67%，滇池湖岸线长17.6km，有六甲、官渡、矣六三个沿湖乡、街道，纳入管护的入湖河道26条，总长200km。这些河道长期以来担负着滇池流域防汛抗旱、农业灌溉、工业生产用水和城镇排污等多种功能，与昆明市社会经济的发展、城乡建设和人民群众生活息息相关，其水环境的好坏直接影响滇池综合治理的效果和滇池生态保护。同时这些河道也是滇池水源补给的主要通道。流经昆明主城区的河道也是重要的城市景观。

① 源头水源涵养和水土保持　包括入湖河道的源头段和主要的生产、生活水源地及周围山地和森林。宝象河水库和松华坝水库是官渡区乃至昆明市重要的水源区，提供大量的工农业和生活用水，对区域社会、经济稳定、可持续发展起到重要作用。两水库周围的山地和森林是昆明市和官渡区的主要水源涵养区。此外还包括铜牛寺水库、杨官庄水库、花庄水库、八家村水库等水源区。

应加强森林保护，涵养水源，坚持封山育林，提高森林质量和森林覆盖率，水库区周边严禁一切农耕活动和乱砍滥伐行为，以促使保护区大面积灌木林向常绿阔叶林演替，从根本上保证水源不枯竭。

同时实施生态绿化，本着适地适树和生物多样性保护原则，保证森林覆盖率在51%以上，以涵养水源，改善水文状况，实现生态保护。选择树冠较厚、成林后郁闭度大、根系发达、遮挡雨量能力强、生长稳定并具有吸水性落叶层的乡土树种，营造水源涵养林、护坡林、护堤林以及水土保持林。区域山体应划定城市生态控制线，减少对山坡的开发，保证山坡植被正常生长，蓄水保土。

② 面山整治和人工造林　滇池流域面山的采矿、采石、取土点（场）等"五采区"应全部关闭，并做好关停"五采区"的地质环境恢复治理与绿化植被恢复工作，采取超常规的工程措施推进面山石漠化、岩裸地、沙地带等难造林地的绿化建设，完成滇池面山人工造林的任务，采用低效林地改造、封山育林、退耕还林等多种手段实现生态保护的目标。

③ 入湖河道及湖湾生态湿地园林绿化与生物多样性保护　因入湖河口、湖湾是滇池沿岸渔民传统的生活区域。近些年来，昔日长满茂密水草的水体修复区已经受到破坏，部分入滇池河口、湖湾成为垃圾聚集区，严重影响滇池自身的净化功能。因此，应严禁开发，取消滇池湖滨500m内的一切农业活动，建设湖滨亲水型湿地带，在环湖公路以外建设生态保护林带，确保滇池流域环湖生态带建设取得实效。同时，在有条件的湖岸拆除防浪堤，全面推动外海湖滨自然湿地生态恢复，以形成良性的湖滨生态系统，吸引斑鸠、野鸭等飞禽的回归，实现入湖河道及湖湾生态湿地的生物多样性保护。

在保护已建成的五甲塘生态湿地、西亮塘生态湿地和马料河入湖生态湿地的基础上，继续按照湖面面积10%～15%、下风向最大化的要求建设湿地，利用自然地力，采用体现生物多样要求的湿地植被树种，建设生态保护林带，实现生物多样性保护与生态保护。

根据湿地的水深，每个湿地应包括6个种植区：开阔水面、深水沼泽、浅水沼泽、湿生草地、湿生灌木丛、湿生森林。主要内容为种植和恢复挺水、沉水、浮叶、漂浮植物等水生植物和湿生乔灌木。沉水植物如各种藻类、小型水草，挺水植物如荷花、水葱、菖蒲、慈姑、芦苇、千屈菜等；浮水植物如睡莲、菱、芡实等；漂浮植物如水浮莲、浮萍等。建设湿地浮岛和水面两侧陆地植物带等，两岸种竹子、火棘、池杉等植物，水边种植美人蕉、唐菖蒲、水葱、千屈菜、旱伞草、再力花等挺水植物。

④ 生态村园林绿化与生态保护　目前官渡区已建设1个位于盘龙江入滇河口的六甲乡洪家小村生态示范村。应继续拆除河堤两侧违章建筑，将烂泥路改造成平整的碎石路。改造河边的小私厕为公厕，设立垃圾房。对河滨道路进行绿化，栽种柳树、碧桃、桂花、迎春、滇朴、枫香、乐昌含笑、石楠、山茶、棕榈等乔灌木；在入湖口两岸建设湿地公园，栽种各种陆生、水生植物，重现"芦苇飘荡、水鸟翻飞"的滇池湖滨湿地风貌；建设码头小公园，突出"生态渔村、滇池特色"和自然、淳朴的水环境景观。

⑤ 入湖河道城区段园林绿化与生态保护　因处于城区段，其主要生态问题是来自人类活动的影响，包括各类破坏水生态环境的资源开发活动。因此，水域和陆域环境保护必须紧密结合，保证二级保护区的水质标准不得低于国家规定的《GB 3838—1988地面水环境质量标准》Ⅲ类标准。各河段水环境质量的提高与河道两岸陆域环境面貌的改善密切相关，因此，应对区内各条河段及相应陆域保护区加以保护。全面建设整治河道两岸绿化带，结合动拆迁和护岸工程，因地制宜形成乔灌草复层绿化结构。河道两侧的农村地区，可以利用沿河两侧部分低洼地和废弃沟塘构筑人工湿地，并与两岸滨河绿化带相结合。

3.5　水土流失区园林绿化与生态保护

官渡区水土流失的重点控制区为：盘龙江、宝象河流域沿岸地区。应加强流域沿岸水土保持林建设和自然林、次生林的保护。实施以松华坝水库、宝象河水库为主的生态恢复工程。通过绿化植被恢复、异地抚育、生物迁移等措施，选择速生乡土树种合理配置人工群落，在人工辅助5～6年后，让群落按照自然更新演替方式恢复，以避免植被破坏、水土流失带来的土壤侵蚀和自然生产力衰退。对于已经破坏的"五采区"、荒山、山坡进行植被恢复，减少水土流失，并尽可能保持该区植被的原生状态。

4　结语

城市园林绿化与生态保护建设是一项系统工程，城区尺度范围的规划建设是其重要组成部分和实现环节。城市（区）水环境园林绿化与生态保护建设是城市（区）生态环境保护的重要内容。在城市（区）水环境园林绿化与生态保护建设受到城乡融和与联系的制约和影响的现实条件下，开展城乡一体的园林绿化与生态保护建设就应该得到足够的重视。实践证明，生态保护和园林绿化建设相结合，综合考量城乡一体的城区水环境现状条件的建设规划研究，体现了园林绿化建设中的生态保护目标和实现生态保护目标的园林绿化途径，可以有力地促进城区水环境的可持续发展。

本文参考文献

[1] 倪家广. 官渡区生态环境建设可持续发展 [J]. 林业调查规划，2001，26（2）：63-66.

[2] 张学勤，曹光杰. 城市水环境质量问题与改善措施 [J]. 城市问题，2005（4）：35-38.

[3] 邹淑珍，陶表红. 城乡一体化的城市园林建设分析 [J]. 上海经济研究，2005（12）：123-126.

[4] 董浩平，黄玮. 浅谈城市河流整治与景观设计 [J]. 水电站设计，2005，21（2）：48-51.

人与自然山水和谐的新思维——城乡一体的园林绿化与生态建设

1 引言

城市化的实质是人口城市化、土地城市化和经济城市化三位一体的变化，它使城市人口在国家总人口中的比例逐步提高，使一部分土地从农业用途转变为非农业用途，并引起经济结构的巨大变化，特别是城乡经济结构、产业结构、空间或地区结构的变化[1]。城市化体现了人类创造的又一次文明，但过快的发展导致了一系列的问题：环境污染、生态破坏、人居质量下降等。随着世界城市化和城市现代化进程的加快，改善生态环境、保护自然资源、创造优美舒适的人居环境、实现人与自然的和谐发展已成为当今世界发展的主流。目前，中国正处在城市化快速发展时期，需要妥善处理人与自然、发展建设与生态环境的关系，其中的关键就是生态建设问题。在这样的背景与形势下，城乡生态绿化系统的建设即成为其发展趋势之一。以人与自然和谐为目标的理念与思想、理论与模式、各种各样的规划与建设相继出现，积极探索人与自然和谐的新途径。城乡一体的绿化与生态建设在城市化背景下成为可持续发展的客观要求、城乡生态建设的现实要求和城市空间扩展的内在要求。

2 城乡绿化与生态建设研究与实践简述

恩格斯在西方城乡矛盾最为激烈时期首先提出"城乡融合"的概念[2]。随后西方学者霍华德的社会城市、赖特的区域统一体、斯泰因的区域城市、麦基的城乡混合体、岸根卓郎的城乡融合系统及芒福德的城乡整体规划思想等，都对城乡融合的概念及规划实践做出了有益的探索。

近年来，很多城市绿化变成了只讲景观而无生态意义的城市美化运动，城乡建设人工性太强而自然性缺乏，"伪生态"问题突出，生态建设越来越引起人们的广泛关注，成为城乡一体的绿化与生态建设规划研究的时代诱因。同时，我国城市生态建设已不仅仅停留在口号和概念上，在国家颁布的一些实践性法规标准中"生态观念"已有所体现，如1992年、1996年和2005年《国家园林城市评选标准》的主要差异就在于1996年的《标准》中明确提

注：该文章最初发表在 The International Conference on Consumer Electronics，Communications and Networks（Volume 3）（ISBN：978-1-61284-470-1）April，2011，EI 全文检索。

出"改善城市生态环境，组成城市良性的气流循环，促使物种多样性趋于丰富"及"逐步推行按绿地生物量考核绿地质量"等生态方面的条目。2002年建设部审批的《城市绿地分类标准》也提出了改善城市生态环境，促进城市可持续发展的目标。还印发了《城市绿地系统规划编制纲要（试行）》，明确规定在《城市绿地系统规划》的成果中要有专门一章来阐述生物多样性保护与建设规划。开展园林城市创建活动以来，城市的生态化倾向更加明显，建设部也因此向全国又发出创建生态园林城市的号召。各级政府和相关职能部门对生态建设相当重视，投入大量人力、物力和财力，从尊重自然、重视人与自然和谐的角度，探索人与自然和谐的新途径。

当前，生态省、市（县）、乡（镇）的建设正如火如荼地开展，并取得了阶段性成效。其间涌现出许多以城区为行政单元申报和开展创建活动的实例。截至2007年底，生态示范区试点地区中有197个城区，验收的生态示范区中有16个城区，生态省（市、县）的创建中也有3个城区。城区尺度的生态建设规划已经成为一种重要的建设规划类型，如《北京市朝阳区国家级生态示范区生态区建设总体规划》、《建设山水园林生态城区 营造和谐人居发展环境——浅析蚌埠新城综合开发区绿化及生态保护》、《实施城乡一体化绿化建设 创建国家园林城区》等相关研究文献。但由于城区尺度和范围的特殊性，在建设规划方面尚缺乏成熟的经验和有针对性的理论指导，城乡一体尺度范围的绿化与生态建设规划研究和实践尚属首次。

3 "自然山水官渡 和谐园林城区"——昆明市官渡区城乡一体绿化与生态建设规划

3.1 官渡区背景概况

3.1.1 地理位置与行政区划

官渡区位于滇中高原中部滇池东北岸，昆明城区东部，昆明主城区之一。2004年9月经国务院批准区划调整后的地理位置为北纬24°17′10″～24°54′00″，东经102°41′30″～103°03′10″，东西宽38km，南北长40km，辖区总面积605.34km²，含8个街道办事处、一个镇和1个乡。

3.1.2 自然山水条件

境内地形比较复杂，由高原盆地、丘陵和中、低山构成，地势东北高、西南低，成阶梯状倾斜，东北部属中山地区，占总面积的60%；中部属低山丘陵地区，占总面积的15%，西南部为城市近郊和沿湖平坝地区，约占总面积的25%。山脉属梁王山系，海拔1925～2630m的大小山脉318座。

官渡区河流众多，属长江流域金沙江水系的普渡河和牛栏江两条支流，普渡河是金沙江的一级支流，上游称为盘龙江，向下经昆明城，于洪家村头流入滇池，主河道46.4km，官渡区境内41.1km（区划调整前统计），总径流面积847km²。与其他主要河流宝象河、金汁河、马料河、白沙河等以及源于市区已成为城市纳泄污水的明通河、大清河、枧槽河等均由东北流向西南，注入滇池，再西出滇池汇入普渡河。花庄河和对龙河向北流入嵩明县境内，汇入牛栏江。

3.2 生态环境要素现状分析

3.2.1 大气环境要素质量现状

2006年空气质量等级为Ⅱ级，环境空气API污染指数为62，比2005年环境空气质量有所下降。主要污染物年均值变化情况为：SO_2、NO_2和硫酸盐化率、可吸入颗粒物和等标污染负荷上升；降尘年均值和等标污染负荷下降。

3.2.2 河流污染现状

宝象河在大板桥有昆明焦化制气厂南门排口污水进入，沿途有10余个汽车洗车点及餐饮度假场所的废水排入，在高桥村附近还接纳502基地及大石坝铁路片区的生活污水及下游村庄及农田排水。主要污染物为有机物、氮、磷、挥发酚、硫化物、汞、硒、油、阴离子洗涤剂。

大青河主要接纳小坝和市区东北部的生活和工业污水。主要污染物为有机物、氮、磷、挥发酚、硫化物、砷、油、阴离子洗涤剂。

海河中下游主要接纳农村面源污水、城市生活污水和工业废水；水质上从土桥村以下明显恶化，主要污染物为重金属、石油类。

虾坝河、姚安河、老宝象河均按农灌水保护，主要污染物为氨氮、重金属、石油类硫化物、砷等。

3.3 景观生态格局现状分析

3.3.1 自然生境损失与景观破碎度增加

目前官渡区也存在自然山体受到一定程度的破坏问题，如海子新村清水沟有五六十家采石场炸山采石，造成山体植被破坏、泥土裸露、尘土飞扬、水土流失。城区自然绿色空间不断减少，生物多样性资源受损，并进一步导致景观生态稳定性和自然环境美学价值降低等问题。

3.3.2 景观结构单一

城市景观自然组分的减少，迫使城市自然景观单元主要以绿地的形式存在，但目前官渡区绿化中存在着上述诸多问题，且由于绿地构成类型单一，又缺乏空间层次性，难以完成绿地应有的生态功能，起不到绿地在整个景观格局中所起的作用。

3.3.3 景观通达性降低

随着城市景观碎裂化程度的增加，景观通达性也明显降低，主要体现在生态连通性的降低，即由于人为干扰组分的阻隔，自然生境之间的联系通道往往被割断或破坏，如建设开发、生活污水使河道、水体受到污染，道路等将自然景观分割为几部分，导致自然生态过程中断，景观稳定性降低。

3.4 存在问题

3.4.1 绿化存在的主要问题

现有公园绿地分布不均，不能满足市民要求；街头绿地绿量不够；道路绿化普及率较差，面积不达标，大树少，管养水平不高；林荫道路较少，不成系统；没有园林景观路，缺乏特色；二环路以内居住区绿地率未达到25%的要求；单位绿化达标率较低，庭院绿化有被蚕食的现象；生产绿地少，仅占建成区的1.07%，没有针对城市绿化需求培养适合本地生长及行道绿化的苗木，苗木主要依赖省外调入；立体绿化缺乏苗源和技术性指导，许多挡土墙、墙体、围栏的绿化效果不理想。总体上，建成区现状指标值均较低：绿地率25.7%；绿化覆盖率26.78%，人均公共绿地6.04m²。

3.4.2　生态建设存在的主要问题

整体上缺乏城乡一体化的绿化系统，尤其缺乏生态防护；环境空气质量需要进一步改善；滇池及建成区河道地表水质量Ⅴ类，污染严重；城市生活垃圾无害化处理率和生活污水集中处理率应进一步提高。

城市生态基础设施建设滞后。市域生产绿地规模偏小，不利于降低绿化成本，也不易形成规模效益。防护绿地建设严重滞后，城郊区阿拉珍珠岩蛭石厂（干海子）、清水沟采石场（海子新村）等有污染的企业与城区、居民区之间、工业组团与其它组团之间、新机场与城市其它用地之间、沿滇池岸线、高压走廊、河道走廊以及垃圾填埋场等两侧或周边均缺乏有效的防护隔离带（图1～图3）。

3.5　要处理好的生态关系

3.5.1　城区与乡村的生态关系

自古以来城市与乡村的生活方式是人类聚集形式中不可或缺的两种方式，是社会生活和物质空间多样化的体现[2]。理想聚居的城区与乡村环境绝非纯粹的形体规划就可以塑造，而是需要整体辨识其生态机制，采用相应的生态建设规划加以引导。

城乡生态关系是社会、经济、文化、环境诸要素综合作用的结果，这种作用力体现在城市与乡村个体成长机制的积累和城乡间要素的流动、交换等各个方面[2, 3]。教育方面，城市的生态文明教育是乡村生态文明教育的典范和基础，要把城市先进的生态文明教育理念和方法向乡村推广和渗透，全面实现城乡一体的生态文明教育体系和氛围；经济方面，城市的经济发展是乡村经济发展的有力保障，将城市生态经济发展的机制移植入乡村，带动和引导乡村经济建设，最终实现城乡融合的经济腾飞；生态方面，则恰好应将乡村的生态优势引入城市，通过生态绿色廊道布局的生态规划设计手段，将乡村优良的生态与城市的生态体系结合，改善城市生态环境，实现城乡一体的生态面貌；土地利用方面，要全面统筹城乡各自的土地利用需求，避免城市扩张对于乡村土地资源的侵蚀和占用，以限制城区的无限制发展，最终实现城乡的可持续发展；环境保护方面，要充分利用城市先进的环境保护方法和技术手段，加强乡村环境保护和治理的力度，从城乡融合的大环境营造角度开展城乡一体的环境保护建设，为城乡社会、经济、文化等多方面的协调发展提供环境生态上的保障。

3.5.2　城乡结合部的生态关系

城乡结合部是城市与农村之间的一个过渡区带。近年来，由于农村经济形式的逐渐改变以及城市的不断扩展，很难对城乡结合带划分出明确的界限，也正因如此，这一区域的环境问题也日趋突出并复杂化和特殊化，形成集城市工业污染与农业生态破坏于一身的显著特点，主要体现在：城乡结合带逐渐沦为城市生活废水、工业废水的排放、灌溉场所和城市生活垃圾、工业固体废弃物的处理、填埋场所以及污染工业的建设基地[3]，导致区域环境问题循环恶化，在一定程度上较城市环境问题更加严重，由此也决定了该区域环境治理的艰巨性。要把生态建设放到更加突出的位置，走开发建设与生态建设相统一与协调的城乡一体化道路。要以创造良好的人居环境为中心，全面提高城乡结合部乃至整个城乡的生态环境质量。

3.6 规划目标定位

结合官渡区的自然山水条件和生态环境要素现状，依托"山、水、城、乡"渗透相融的景观生态绿地空间，实现"点、线、面"相结合的景观生态绿地空间格局，以人与自然山水和谐、改善人居与生态环境质量为目标，遵循"自然山水官渡　和谐园林城区"的规划理念定位，围绕"绿化是第一环境、第一基础设施、第一生态要素、第一景观要素"的规划思路，逐步把官渡区建设成为集人文景观和自然山水风光于一体的、山、水、城、乡各要素相互联系、融合的和谐园林城区，展现人与自然山水和谐的新官渡，最终实现社会、经济、文化和环境的可持续发展[4]。

3.7 规划功能分区与空间结构架构

3.7.1 功能分区

宏观上与官渡区"两轴三片"（两轴为东南发展轴、东北发展轴，三片为关上中心片区、南部新城片区、东部工业物流片区）的经济发展布局保持一致，形成沿昆洛公路、广福路向东一线的东南景观廊道和沿人民东路延长线、320国道至大板桥一线的东北景观廊道；以关上中心片区为主的建成区绿色开敞空间、以南部新城片区为主的规划区绿色开敞空间和以东部工业物流片区为主的城郊乡村绿色开敞空间，即新的"两轴三片"：两条景观廊道轴和三个绿色开敞空间片区，达到经济发展与绿化生态建设同步，人类活动与自然山水和谐，经济、生态、社会效益统一，城乡一体的绿化与生态建设规划功能区划[5]。

3.7.2 空间结构架构

在"两轴三片"功能分区的基础上，依托"山、水、城、乡"渗透融合的景观空间格局，结合景观生态学、生态园林城市及生态城市的相关理论以及城乡融合思想，形成"网、点、块面"结合的"五纵六横四片十二点"景观生态绿地空间布局模式（图2、图3）。

"网"——"五纵六横"：为公路、铁路、高压线、河流等绿色景观廊道所形成的"五纵六横"网状结构，五纵：贵昆铁路—320国道、宝象河、官南大道—明通河、盘龙江、东三环—新昆洛路等；六横：环滇池路、人民东路延长线—新机场高速路、广福路、南二环—昆石高速、南绕城高速、日新路（南三环）等带状防护林形成的景观廊道；以及由若干乡村、河流绿化形成的生态廊道系统，最终形成有机的组织网络，系统地将物流、能流源源不断地在城市、乡村、各生态系统之间传递。

"点"——十二个生态绿色开敞空间：主要为公园绿地、绿色开敞空间、小区绿地等大型绿色斑块，点缀在网络结构中形成12个主要绿点：五甲湿地公园、西亮塘公园、广福公园、海口公园、姚家坝公园、大石坝生态公园、巫家坝公园、宝象河公园、花庄生态休闲公园、铜牛寺生态公园、佛堂山生态公园、杜家营水库生态公园等。

"块面"——四片生态绿色块面：为指大面积的森林、自然保护区、湿地、水面、林地等植被绿化环境较好或具有重要生态价值的区域：大板桥东、西两面山系，凤凰山与牛头山公园及环湖湿地所形成生态基质块面。

3.7.3 主要规划内容

3.7.3.1 滇池流域生态功能区规划

滇池流域是一个独特的生态系统单元，流域中有广阔的森林、山地、湿地、农业和其它人造生态系统，并由能量和物质流动、生物移动和人类活动将它们联系起来，构成复合系统。根据官渡区滇池流域地形、水系、生态系统结构和功能，规划将滇池流域划分为4个生态功能区。

① 源头水源涵养和水土保持生态功能区　包括入湖河道源头段和主要的生产、生活水源地及周围山地和森林。建议对策：一是全面开展水源地保护和保护区管理工作。尽快制定城镇和农村饮用水源地保护的详细规划；二是尽可能保持该区植被的原生状态，提高植被覆盖度。

② 入湖河道城区段生态功能区　各河段及相应陆域保护区为二级保护级别。建议对官渡区内的各条河段的陆域保护区加以保护；全面建设整治河道两岸绿化带，结合动拆迁和护岸工程，因地制宜采用草本和灌木，乔木植物，渐成乔灌草3层结构；河道两侧的农村地区，可以利用沿河两侧部分低洼地和废弃沟塘，构筑人工湿地。

③ 入湖河道生态湿地与生物多样性保护生态功能区　主要包括官渡区内临滇池3个半岛状的陆地。建议对策：照湖泊治理要求调整规划和功能，严禁开发，确保滇池流域环湖生态带建设取得实效，在五甲塘湿地公园的基础上逐渐建成临滇池完整的湿地生态系统，中远期可适度发展一定的生态科普旅游。规划目标：2008年年底，环湖公路内侧100%实现退田还林、退塘还湿；2009年："四退三还一护"必须全覆盖、全部到位；至2010年实现退田还林、退塘还湿、退房还岸、退人护水。

④ 水面绝对保护功能区　主要区域为滇池沿岸及近陆水面。建议对策：在滇池水面尽量控制人为活动，以减少对水体生态系统的干扰和破坏。

3.7.3.2 水土保持建设规划

在《昆明市水土保持总体规划》的基础上，制定官渡区水土流失控制规划。对区内允许运行的企业加强环境管理，要求资源开发的单位或个人根据《水土保持法》的规定制定水土保持方案，承担相关责任。加快水土流失治理，按照地质灾害危险区—河流和输水渠道附近—居民点附近—交通干线两侧的顺序开展工作。开展宝象河、盘龙江流域综合治理，支持布设鱼鳞坑、水平沟、修建梯田、建设谷坊坝、拦沙坝等拦沙工程，科学合理兴建塘坝、水池水窖等小型水利工程项目。对区内山地划定封育区，严禁陡坡开荒、毁林开荒及幼林地放牧；加强造林绿化，封山育林育草，坡度大于25°的耕地坚决退耕还林、还草。

3.7.3.3 生物多样性保护体系规划

生物多样性保护是城乡绿化与生态建设中保护生态环境，创建绿色官渡的重要内容之一。生物多样性保护规划，以城市规划区山林田园生态绿地为基质，以各种类型的公园、生态景观绿地为斑块，以道路、河流带状绿地为廊道进行，并遵循各类绿地生物多样性保护控制指标。

3.7.3.4 水资源保护与调整规划

根据水资源利用情况将官渡区水资源分为生活用水和生产用水，水资源保护和调整首先应完善水资源经济政策与管理法规体系，重点是建立合理的水资源价格体系，加强水资源节约利用的管理制度与体制建设，建立责权统一的管理体制；其次是建立节水型社会生产与生活体系，推广科学技术和方法提高水的利用效率和生产效率，加强有关节水的教育，提高公众节水意识；还应加强水资源供给替代方案的研究，如加强雨水的利用、建设完善水库体系的调节机制及适量开采地下水等。总之，应以循环经济思想为指导，以节水、污水再生与资源化等为主要实施方式，建设水资源可持续利用型新城区。

3.7.3.5 生态农业区规划

通过"二退一禁"，到2012年，全区农业生产退出滇池流域核心区，南部实现生态园林化，东部农业生产基本实现基地化、标准化、信息化，广泛应用标准化生产技术，农产品质量、效益明显提高，农业面源污染得到全面控制，生产、生活废弃物得以资源化处理，生态景观与农业生产形成一个有机整体。根据区域农业产业特征，以及地理、资源、环境条件，结合区委、区政府"蔬菜东移、花卉南置"的农业结构发展趋势，按"花果"、"菜蔬"、"农家乐"、"种养殖""粮食"等整体场面发展的总体思路，确立大板桥镇为生态观光农业发展区域，包括以复兴、沙沟、乌西、沙井、兔耳村委会为主建设无公害蔬菜生产区；以复兴、白汉场、中对龙、矣纳村委会为主建设东部山区花卉基地；以小哨、矣纳村委会为主建立标准化养猪示范基地和禽蛋示范基地；以沙沟、花箐、中对龙、上对龙、阿底、新发、阿拉乡高坡、海子、青水村为主建设休闲观光经济果园；以矣纳、上对龙、中对龙、兔耳村委会为主建设粮食作物基地。

3.7.3.6 重点工业区生态环境保护规划

按照区域功能定位，官渡区将形成"两大节点、三大通道"的经济发展格局，为使官渡区重点工业区更好地实现全面的可持续发展和为官渡区经济建设发挥积极的作用，其生态环境保护规划的内容包括：制定切实可行的政策，坚持可持续发展战略；加强重点工业区的生态环境保护；工业区环境的污染预防；加强工业区环境监测体系的建设和组织建设以及实践操作可行性。

3.7.3.7 自然保护与生态旅游区规划

自然保护规划区位于官渡区全境，重点在乡村范围，主要保护对象为滇中地区较为完整的亚热带半湿润常绿阔叶林、水资源及其涵养林、动、植物物种多样性、土地资源等；特色生态旅游区规划主要划分为四个区域：古镇、古寺观光旅游区；特色乡镇（村）生态旅游区；特色乡村生态农家乐旅游区；特色生态修复旅游区。

3.7.3.8 乡村道路绿化系统规划

官渡区现有乡村道路59条，总长度192.962km。其中一级公路1条，二级公路3条，三级公路1条，四级公路54条。规划一级公路两侧各宽20m的绿化带，其他道路各宽10m，绿地面积407.52hm²，行道树规划以80%的常绿树为原则，主要以适应昆明气候条件的石楠、小叶榕、雪松、滇润楠、柏树、滇朴、樟树、垂柳、海桐、夹竹桃、刺槐、棕榈、女贞、皂荚、桑树、无花果、榕树、国槐、银杏等为主。

3.7.3.9 水系防护林绿化规划

官渡区现有23条入滇河流，全长182.3km，共13个入滇口，因流经城市并接纳生活污水，水质较差，防护林规划针对每条河流主要污染物情况进行植物的选择与搭配，防护林两侧各宽20m（盘龙江），15m（明通河、金汁河、枧槽河），8m（其余河流），规划面积404.32hm^2，主要应用适应昆明气候条件的石楠、小叶榕、雪松、滇润楠、柏树、滇朴、银杏、栾树等及经济果木等进行绿化。

结语

本研究在具体的规划中，尊重和保护自然山水环境，从城乡一体融合的更宽的视野来规划城区绿化与生态建设内容，考虑城区生态环境要素现状、景观生态格局现状、存在问题以及城区与乡村、城乡结合部的生态关系、山水系统等，按照"自然山水官渡 和谐园林城区"的理念，塑造人与自然山水和谐的山水园林城区新形象，使城市整体景观形态在发展过程中始终保持与自然山水同构的发展模式，从而保持山水文脉的延续性、特殊性和自然性。

规划启示我们，传统意义上的城市绿化已不能满足城市化发展的需要。随着人们对绿化生态服务功能认识的不断深化，城市绿化与生态建设的结合成为必然。同时，在城市绿化与生态建设受到城市土地和空间限制的条件下，将郊区纳入城市体系，实现城乡一体，是城市绿化与生态建设的重要内容，应该得到足够的重视。在此背景下，构建绿化与生态建设相结合的城乡绿地与生态建设发展模式将成为热点问题。现代化山水园林城市（区）的自然山水特色与城乡空间特色是规划必须体现的个性，是体现人与自然山水和谐、城乡融合的重要内容。城乡一体的绿化与生态建设是实现人与自然山水和谐、创造可持续发展的人居环境的新思维。

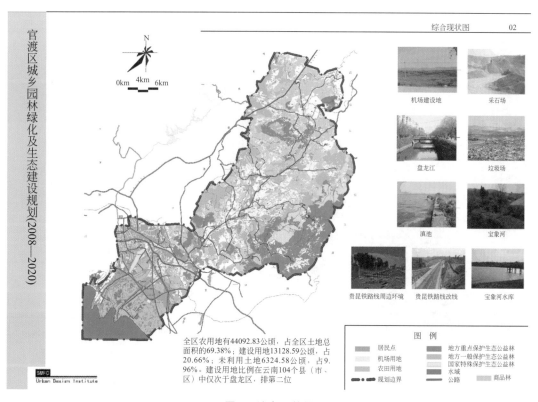

图1 综合现状图

官渡区城乡园林绿化及生态建设规划(2008—2020)

总体规划结构：

五纵六横四片＋二点

"网"－－五纵、六横－－公路、铁路、河流
　　　　－－网状叶脉－－生态廊道
"点"－－十二个公园绿地－－生态斑块
"块面"－－四片生态绿地－－生态基质

图例

纵向生态廊道		生态绿地
横向生态廊道		公园绿地空间
滇池		区边界
乡村道路		

图2　总体规划结构图

官渡区城乡园林绿化及生态建设规划(2008—2020)

结合官渡区的自然、生态环境条件，依托"山、水、城、乡"渗透相融的绿地景观空间，实现"山环水抱、绿叶育城"的景观生态格局，将官渡区建设成为符合国家园林城区、生态园林城市和生态城市相关标准的集人文景色和自然风光于一体的森林式、环保型、园林化、可持续发展的高原湖滨特色城市的重要组成部分

图例

居住用地	铁路用地	商品林
行政办公用地	交通设施用地	
商业金融用地	机场用地	国家特殊保护生态公益林
工业用地		地方重点保护生态公益林
堆场用地		地方一般保护生态公益林
水域		

图3　生态建设规划平面布局图

本文参考文献

[1] Meiqin Han，Yinrong Chen，Discussing on land sustained using for combing section of city and countryside in the course of urbanization，Modern Agriculture Science and Technology.Vol 1，pp.126-127，2007（In Chinese）.

[2] Jinyi Wen，Huangxiong Qi，Xia Wei，Preliminary study on Hangzhou city and countryside space ecology plan. Research of Soil and Water Conservation，Vol 14，pp.22，August 2007（In Chinese）.

[3] Shaoping Kuang，Aiqin Liang，Main environmental problems of Town-and-Country combining zone and its comprehensive control strategy. Safety and Environmental Engineering，Vol 10，pp.1，June 2003（In Chinese）.

[4] Yang Liu，Guosheng Fan，Chengguang Gao，etc.，The construction of gardening and ecological protection on water environment of town and country in Guandu city proper，Kunming. Journal of Fujian Forestry Science and Technology，Vol37，pp.167-170，March 2010（In Chinese）.

[5] Yang Liu，Guosheng Fan，Chengguang Gao，etc.，New thought about harmony between human and natural mountain and river，The 11th Landscape Architectural Symposium of China，Japan and Korea，Hangzhou，China，pp.33-42，April 2009.

二、城乡一体化的园林绿化建设

三、园林中的生态思想

景观规划设计中的生态安全思想

摘　要： 提出了生态安全的景观规划设计理念，并以城市景观规划设计为例，从城市地形地貌特征、城市典型气候天象、自然植被、水体、建筑、绿地、城市文化景观七个方面阐述了城市景观规划设计中的生态安全思想，指出只有让人类达到一种安全的生存状态才是景观规划设计的宗旨，也即生态安全的景观规划设计才是人类解决自身生存问题的良好途径。

关键词： 景观规划设计；生态安全思想；城市景观规划设计

本文引言

随着我国景观行业越来越被人们重视，景观学科的创新面临着前所未有的机遇，行业的发展需要业内外人士共同交流研讨。在中国快速的工业化和城市化进程中，前瞻性的城市景观规划设计及其研讨具有重要的现实和战略意义。

在全球化的浪潮中，环境污染和生态破坏成为世界性问题，人类正以前所未有的规模和速度改变着人类自身的生存环境：全球气候变暖已是不争的事实；海平面上升的态势仍在继续；臭氧层空洞出现而后迅速扩大；生物多样性急剧锐减；印度洋海啸和菲律宾泥石流对人类造成严重危害……面对全球环境危机，人类自身的生存和发展开始有了风险，而且这种风险仍在不断加剧，已经开始向人类的安全发出严重挑战。正如中科院生态环境研究中心研究员欧阳志云指出的，生态环境问题正逐渐上升到生态安全问题，成为国际社会日益关注的一个热点问题[1]。

人类最伟大的功绩莫过于创造了城市。但是，随着城市化进程的加快，城市景观中产生了大量生态安全问题：自然森林植被破坏；耕地、湿地、水资源被占用；盲目引进物种，却疏于保护和利用本地乡土物种；生物多样性被毁坏；环境污染加重等。这就要求在进行城市景观规划设计与建造过程中不仅仅要解决一个物质规划设计和物质形态建成的问题，还要对其中的生态安全问题进行考量，树立景观规划设计的生态安全思想，逐步形成景观规划设计的生态安全方法，最终实现景观与景观规划设计的可持续发展。

1　生态安全的景观规划设计

美国人本主义心理学家马斯洛的需求层次理论将人的基本需求归纳为生理、安全、交

注：该文章最初发表在《工业建筑》（中文核心期刊）2010年40卷第450期。

往、尊重和自我实现。而且他还认为发展中国家、西方发达国家以及人类社会理想的需求类型是不同的[3]。但无论如何，"安全"需求是基于"生理"需求的第二个需求等级，可见"安全"对于人类存在的重要意义。"安全是生物体有序存在的基础，其最基本的涵义是指主体的一种不受威胁、没有危险的存在状态，也是人类生存的前提条件[1]。"

生态安全与生态风险或生态危机相关[4]。过去从生物生态角度几乎未涉及人类自身的生态安全问题，因此，尽管过去已有生态胁迫、生态退化、生态破坏等概念，但未提出生态安全概念。生态安全概念是在生态问题直接且较普遍、较大规模威胁到人类自身的生存与安全之后才提出的，是人类生存环境处于健康可持续发展的状态[5]。在全球化的背景下，生态安全问题以环境污染和生态破坏的形式表现出来，成为全人类共同的问题。它的产生与人类的生存方式相关，表现了人类一定的价值观念以及在这种价值观念指导下形成的生产与生活方式的局限性。景观规划设计的实践很大程度上也是在反映人类生产和生活的方式。

景观规划设计诞生一百多年来，人类的生存环境发生了很大的变化：从最初的仅仅是满足正常的生存条件，到现在的对物质、精神、生理等多方面的追求，这充分体现了人类环境意识的提高。

随着社会的进步、经济的发展、文明的提高、人口的增长、城市化的加剧，人类开始以城市为中心，向城镇辐射发展。预计到2030年，将有超过60%的世界人口居住在城市中[2]。这一切对自然生态系统和人类生存环境产生了严重的影响，原有的生态环境被城市及其中的景观分割开来；自然资源被过度开发和掠夺；空气、水体、垃圾、噪音污染……人类的生存质量在下降，甚至对人类的健康和安全构成了严重的威胁。因此，景观规划设计的目的和任务应是在带给人类视觉美感享受的同时，从根本上解决人与自然相互作用的平衡关系问题，解决人在地球上存在的问题，倡导一种全新的生存设计理念：生态安全的景观规划设计。

2 城市景观规划设计中的生态安全思想

城市景观的研究与实践已经成为当今中国城市建设的前沿和景观规划设计领域的重点[5, 6]。随着景观的发展，景观规划设计概念也变得越来越广泛。从规划角度，它注重土地的利用形式，"通过对土地及其土地上物体和空间的安排，来协调和完善景观的各种功能，使人、建筑物、社区、城市以及人类的生活同生命的地球和谐相处。"从设计角度，它注重对环境多方面问题的分析，确立景观目标，并针对目标解决问题，通过具体安排土地及土地上的物体和空间，来为人创造安全、高效、健康和舒适的环境[7]。

城市作为一个生态系统，几乎包含了所有生态过程。城市景观规划设计，要研究城市面临的主要生态环境安全问题与原因，分析景观规划设计如何可以解决这些问题对城市社会经济可持续发展造成的影响；分析景观规划设计如何做到维护生态安全和保障人体健康；分析景观规划设计如何构建景观生态安全格局；分析景观规划设计如何保护生物多样性；分析景观规划设计如何提高生态系统的稳定性和生态修复能力。应该说这种以生态保护、生境重建和生态安全为目标的景观规划设计实践，其影响力已经超出单纯景观规划设计的范畴，是一种可持续的生存和安全设计理念。

一般而言，城市景观由自然景观要素和人工景观要素构成。其中，自然要素包括城市地形地貌特征、城市典型气候天象、植被、水体；人工要素包括建筑、道路、广场及设施、街道及小品[8]。城市景观规划设计中的生态安全思想可以体现在以下几个方面。

2.1 城市地形地貌特征

地形地貌是城市景观规划设计与建设中应当尊重和利用的自然生态要素，应当尽量避免对于地形地貌和地表机理的破坏，特别是那些地形地貌及地质结构比较复杂的城市。减少对自然景观基质造成的破碎化，避免任意地切割山脉和截断河流，应当充分体现城市自然生态的特征，维护和强化整体山水格局的连续性，只有这样才能使得自然形态和人工景观达到和谐与相互衬托，减少滑坡、泥石流、塌陷、水土流失等生态安全问题的发生。而且，结合地形地貌的景观规划设计才容易突出城市的个性，形成特色城市风貌景观。

另外，土地利用/覆盖变化是自然与人文过程交叉最为密切的产物，是区域生态环境的一个敏感因子。针对城市土地利用变化导致的生态安全效应进行城市景观规划设计，以及从土地自然属性和土壤学基本特征出发，考虑城市景观规划设计的用地适宜性与土壤学适宜性，将从根本上解决城市景观规划设计中地形地貌及地质结构方面的生态安全问题。

2.2 城市典型气候天象

著名建筑学家欧金斯认为，作为自然环境的一个基本要素，气候是城市规划的一个重要参数，气候越特殊，越需要精心地进行景观规划组织[8]。气候天象也是影响城市景观的重要因素，特别是因为环境污染和生态破坏导致的各种生态不安全的气候天象，如城市气候变暖、城市热岛效应、城市干燥化、空气烟雾化、大气污染、光污染、沙尘暴等。如何在城市景观规划设计中考量这些生态不安全的气候天象，并进行有针对性地设计实践，最终通过景观规划设计来解决困扰城市和人类存在的城市气候天象方面的生态安全问题。

2.3 自然植被

城市自然植被景观是城市当中年代久远、多样化的乡土植物的栖息地，是保障和体现城市生物多样性的所在，往往具有非常重要的生态和安全价值，保留这种植被景观的异质性，减少对它的破坏和侵占，对于维护城市及国土的生态安全具有重要意义。相反，由于过于单一的植物种类和过于人工化的绿化方式，尤其因为人们长期以来对引种奇花异木的偏好以及对乡土物种的敌视和审美偏见，城市中绿地即使达到30%甚至50%的绿地率，其绿地系统的综合生态服务功能并不强[9]。因此，城市景观规划设计就应当尊重自然的生命，通过设计重新学习、认识和保护人类赖以生存的自然植被环境，模拟和建立多样化的人工植被景观系统，将自然植被景观与城市中的人工绿地景观相结合，共同构成城市景观的绿色基质，进而维护和巩固乡土自然植被的生态位，防止生物入侵、生物多样性衰退等生态安全问题威胁人类身体健康、毁坏城市基础设施而引发各种安全性灾害，进而威胁城市人类的生存和发展。

2.4 水体

由于自然和人为因素的影响，中国很多城市正遭受严重的洪水灾害，人们的生存环境受到威胁，国土生态安全也在经受严重的考验。永远都不会忘记的1998年南北持续3个月的特大洪水，造成了2551亿元的巨大直接经济损失，表明长江、嫩江等河流水系所提供的涵养水源、保持水土等生态服务功能已被严重削弱，对整个国家安全构成严重威胁[10]，更是威胁到这些河流流经的城市地区的生态安全和城市中人们的生存安全。再加上城市水体的污染、城市湖泊的富营养化、城市水资源的缺乏、城市中不同类型湿地的面积逐渐变小并趋于消失的问题，城市水体景观规划设计将面临如何维护城市水生态安全的重大挑战。

2.5　建筑

建设部原总规划师陈为邦认为，当今大城市的老城区、中心区，建筑密度和人口密度过高，城市生态安全、公共安全存在很大隐患，城市景观项目的建设需考虑兼备应急避难场所的功能。另外，新老城区的交错、老城区的改造、"城中村"的整治、新兴城市建筑景观混乱、建筑玻璃幕墙造成的光污染、建筑视觉污染等问题实质上也是广义生态安全中社会角度的生态安全问题，也是城市景观规划设计中需要考量并应予以解决的、关乎城市及城市人存在和发展的问题。

2.6　绿地

当前的城市绿地景观建设中的大树移植现象，往往是不惜工本到乡下和山上挖移大树进城，这是舍本逐末、"丢了西瓜捡芝麻"的目光短浅的做法，是"拆了东墙补西墙"的非明智之举，是导致生态不安全的生态破坏行为，必须坚决反对。城市及其景观要可持续发展，需要前瞻性的、长远的规划建设，每个城市都应当为未来生态安全的大目标来开展城市绿地景观规划设计。随着城市的更新改造和进一步向郊区和农村扩展，生态安全的绿地系统应当是城乡一体化、城市人工绿地景观与城郊自然植被景观相融合的大系统。城市绿地景观规划设计也应当是以解决绿地及绿地系统中的生态安全问题为根本思想和出发点的。

2.7　城市文化景观

全球化进程导致外来文化的渗透越来越多，中国传统的城市文化格局被打破，城市文化景观的本土性遭到前所未有的冲击，社会生态安全在城市文化方面表现出的一系列问题如新型文化的兴起、新老文化的交替、文化表现的动荡等都影响到城市文化景观的表现和结构特征。历史文脉多元的景观发展要求景观规划设计强化地方性与多样性，以充分保留地域文化特色的景观来丰富全球景观资源[7]。这将是深层生态安全思想意识主导下的城市文化景观。

3　结语

未来的景观规划设计将是一个更加复杂的概念，其涉及的专业知识在包含众多学科的基础上将具有更加广泛的包容性，生态安全的思想即是其中之一。景观规划设计要发展，威胁人类生存的生态安全问题要解决，二者的协调与融合将成为可能与必然。上面的论述已经证实了这一点。只有让人类达到一种安全的生存状态，才是景观规划设计的宗旨，也即生态安全的景观规划设计才是人类解决自身生存问题的良好途径。从这个意义上讲，生态安全的景观规划设计应当是不仅提供一种设计的方法，更主要的是应当作为一种思考生存问题和解决生态安全问题的理念，并贯穿到景观规划设计的各个环节，最终实现景观与景观规划设计的可持续发展以及人类安全的生存。

本文参考文献

[1]　欧阳志云. 城市化进程突显城市生态安全问题. http：//www.lahr.com.cn. 2006.5.15.

[2]　宋治清，王仰麟. 城市景观及其格局的生态效应研究进展[J]. 地理科学进展. 2004，23（2）：97.

[3] 戴世智. 寒地城市居住区更新的外环境设计探讨 [D]. 哈尔滨：哈尔滨建筑大学，1998：18-19，29.

[4] 余谋昌. 论生态安全的概念及其主要特点 [J]. 清华大学学报（哲学社会科学版）. 2004，19（2）：29.

[5] 陈国阶. 论生态安全 [J]. 重庆环境科学. 2002，24（3）：1.

[6] 刘滨谊. 创造美好的城市景观 [J]. 规划师. 2004，20（2）.

[7] 周向频. 全球化与景观规划设计的拓展 [J]. 城市规划汇刊. 2001（3）：17-23.

[8] 尹海林主编. 城市景观规划管理研究—以天津市为例 [M]. 武昌：华中科技大学出版社，2005：3-4.

[9] 俞孔坚. 城市生态基础设施建设的十大景观战略 [J]. 规划师. 2001（6）：9-13.

[10] 肖笃宁. 论生态安全的基本概念和研究内容 [J]. 应用生态学报. 2002，13（3）：354.

云南园林的生态安全思索

摘　要： 提出了生态安全的园林理念，从地形地貌特征、典型气候天象、自然植被、生物多样性、大树移植、防灾功能、绿化安全、园林物种引进八个方面阐述了对云南园林生态安全的思索，进一步提出了维护云南园林生态安全的对策，最后指出云南园林的发展要充分利用和结合云南优越的生态背景条件和优势，其中对生态安全的思索应成为关注的焦点。

关键词： 风景园林；云南；生态安全；思索；理念；焦点

本文引言

随着我国园林行业越来越被人们重视，园林内涵与内容的创新面临着前所未有的机遇。当前，环境污染和生态破坏成为世界性问题，人类正以前所未有的规模和速度改变着人类自身的生存环境。全球气候变暖已是不争的事实；海平面上升的态势仍在继续；臭氧层空洞出现而后迅速扩大；生物多样性急剧锐减；地震、台风、海啸、暴雨和雪灾、泥石流对人类造成严重危害……面对全球生态环境危机和频发的自然灾害，人类自身的生存和发展开始有了风险，而且这种风险仍在不断加剧，已经开始向人类的安全发出严重挑战。正如中科院生态环境研究中心研究员欧阳志云指出的，生态环境问题正逐渐上升到生态安全问题，成为国际社会日益关注的一个热点问题[1]。在这样的背景下，城市避灾绿地成为当下园林的焦点与热点问题。

中国幅员辽阔，人口众多，各种自然灾害频发，特别是近年来，随着城市规模扩大，人口、建设量的急速发展，城市存在的安全隐患较大[2]。与此同时，城市园林建设过程中出现了大量生态安全问题：自然植被破坏；耕地、湿地、水资源被占用；盲目引进物种；疏于保护和利用当地乡土物种；生物多样性被毁坏；环境污染加重等。这就要求在进行园林的研究与建设过程中不仅仅要解决一个物质规划设计和物质形态建成的问题，还要思索其中的生态安全问题，树立园林的生态安全思想，逐步形成园林的生态安全方法，最终实现园林的可持续发展。本文即是基于这样的思路和角度，结合云南特殊而又极其重要的生态背景思索云南园林的生态安全。

注：该文章最初发表在《安徽农业科学》（中文核心期刊）2010年38卷第19期。

1 生态安全的园林

美国人本主义心理学家马斯洛的需求层次理论将人的基本需求归纳为生理、安全、交往、尊重和自我实现[3]，可见"安全"对于人类存在的重要意义。"安全是生物体有序存在的基础，其最基本的涵义是指主体的一种不受威胁、没有危险的存在状态，也是人类生存的前提条件[1]。"

生态安全与生态风险或生态危机相关[4]。过去从生物生态角度几乎未涉及人类自身的生态安全问题，因此，尽管过去已有生态胁迫、生态退化、生态破坏等概念，但未提出生态安全概念。生态安全概念是在生态问题直接且较普遍、较大规模威胁到人类自身的生存与安全之后才提出的，是人类生存环境处于健康可持续发展的状态[5]。在全球化的背景下，生态安全问题以环境污染和生态破坏的形式表现出来，成为全人类共同的问题。它的产生与人类的生存方式相关，表现了人类一定的价值观念以及在这种价值观念指导下形成的生产与生活方式的局限性。园林的实践很大程度上也是在反映人类生产和生活的方式。

园林诞生以来，人类的生存环境发生了很大的变化：从最初的仅仅是满足正常的生存条件，到现在的对物质、精神、生理等多方面的追求，这充分体现了人居环境意识的提高。随着社会的进步、经济的发展、文明的提高、人口的增长、城市化的加剧，原有的生态环境被城市及其中的人工分割开来，对自然生态系统和人类生存环境也将产生更加严重的影响，甚至对人类的健康和安全构成严重威胁。因此，园林的目的和任务应是在带给人类视觉美感享受的同时，重点关注园林之于自然保持和重建的意义，解决人与自然和谐的关系问题，倡导一种全新的理念：生态安全的园林。

2 云南园林的生态安全思索

随着园林的发展，其思想和认识也变得越来越广泛。从规划角度，园林应注重土地利用的适宜性，通过对土地及其土地上物体和空间的安排，协调和完善园林的各种功能，使人、建筑物、社区、城市以及人类的生活同自然和谐相处；从设计角度，园林应注重对环境多方面问题的分析，确立园林目标，并针对目标解决问题，通过具体安排土地及土地上的物体和空间，为人创造安全、高效、健康和舒适的人居环境。云南的园林可以考虑从以下几个方面思索其中的生态安全。

2.1 地形地貌特征

地形地貌是园林建设中应当尊重和利用的自然生态要素，应当尽量避免对于地形地貌和地表机理的破坏，特别是云南地处低纬高原，地理位置特殊，地形地貌及地质结构复杂。应减少对自然基质造成的破碎化，避免任意切割山地和截断河流，应当充分体现云南94%山地的自然生态特征，维护和强化整体自然山水格局的连续性，只有这样才能使自然形态和人工园林达到和谐与相互衬托，减少滑坡、泥石流、塌陷、水土流失等生态安全问题的发生。园林中的乔木、灌木和地表植被在水土保持方面具有十分重要的作用，这为园林解决生态安全问题提供了可能。

另外，土地利用/覆盖变化是自然与人文过程交叉最为密切的产物，是区域生态环境的一个敏感因子。针对云南土地利用变化导致的生态安全效应进行园林建设，以及从土地自然属性和土壤学基本特征出发，考虑园林的用地适宜性与土壤学适宜性，将在一定程度上解决云南园林中地形地貌及地质结构方面的生态安全问题。

2.2 典型气候天象

作为自然环境的一个基本要素，气候是园林规划的一个重要参数，气候越特殊，越需要精心地进行园林规划组织。由于大气环流的影响，云南冬季受干燥的大陆季风控制，夏季盛行湿润的海洋季风，兼具低纬气候、季风气候、山原气候的特点。全省气候类型丰富多样，有北热带、南亚热带、中亚热带、北亚热带、南温带、中温带和高原气候区共7个气候类型，成为影响云南园林的重要因素。此外，因为环境污染和生态破坏导致的各种生态不安全的气候天象，如城市气候变暖、热岛效应、干燥化、空气烟雾化、大气污染、光污染等等，也对云南的园林造成一定的影响。如何看待和思索这些生态不安全的气候天象，并进行有针对性地设计与研究实践，最终通过园林来解决困扰城市和人类存在的气候天象方面的生态安全问题值得关注。

2.3 自然植被

自然植被是城市或地区当中年代久远、多样化的乡土植物的栖息地，是保障和体现城市或地区生物多样性的所在，往往具有非常重要的生态和安全价值，保留这种自然植被的异质性，减少对它的破坏和侵占，对于维护城市或地区的生态安全具有重要意义。相反，由于过于单一的植物种类和过于人工化的绿化方式，尤其因为人们长期以来对引种奇花异木的偏好以及对乡土物种的敌视和审美偏见，城市中绿地即使达到30%甚至50%的绿地率，其绿地系统的综合生态服务功能并不强[6]。外来植物的使用丰富了植物的多样性，但未经栽培或驯化试验的大量引进会产生很高的绿化风险。而对于一些竞争性强的树种，引进后会破坏当地已有的生态平衡，导致生物入侵的后果。因此，在云南大量的自然原生植被的生态大环境背景下建设园林就应当尊重自然的生命，通过设计重新学习、认识和保护人类赖以生存的自然植被环境，模拟和建立多样化的人工植被系统，将自然植被与人工园林绿地相结合，共同构成云南园林的绿色基质，进而维护和巩固乡土自然植被的生态位，防止生物入侵、生物多样性衰退等生态安全问题威胁人类身体健康、毁坏城市基础设施而引发各种安全性灾害，进而威胁城市或地区居民的生存和发展。

2.4 生物多样性

云南地处我国西南边陲，其气候多样性造就了其生物多样性。生物多样性是维持基本生态过程和生命系统的物质基础，也是生态安全的基础；生物多样性的保护有利于维护生态系统的完整性，保持生物圈的稳定性，从而维护生态安全；生物多样性为人类的生存和发展提供产品和服务，是生态安全状况的重要指标；生物多样性具有潜在的价值，对人类今后的生存和发展及维持生态安全具有重要的意义[7]。

云南是我国的植物王国，省内分布着全国70%的高等植物。但是，长期以来，云南园林的这种植物方面的先天优势在实践中并没有得到充分利用，可供开发的丰富的植物资源被浪费，城市园林绿化植物物种减少、品种单一。据统计，云南高等植物有13000～15000种，约占我国植物种类的一半，却只有约30%被利用到本地的城市绿化美化中[8]。因此，云南的园林应切实保护和修复生态屏障，维护云南省的生物多样性安全。

上篇 风景园林理论探寻

2.5 大树移植

当前云南各地的园林绿地建设普遍存在大树移植的现象，也往往是不惜工本到乡下和山上挖移大树进城。从生态安全上讲，大树是自然历史的产物，作为植物群落的主体骨架，已经与环境间建立了协调稳定的平衡关系，若被连根挖掘移植，必然破坏原森林群落的完整性，势必对原有植物群落结构以及动物的栖息等带来一系列连锁负面效应。同时，这种对森林自然资源的掠夺式应用，也将使本来就衣不遮体的地球表面无形中又增添了"千疮百孔"，为日后自然的报复，如水土流失、泥石流、山体滑坡、沙尘暴、洪涝等自然灾害埋下无穷的隐患。这是舍本逐末、"丢了西瓜捡芝麻"的目光短浅的做法，是"拆了东墙补西墙"的非明智之举，是导致生态不安全的生态破坏行为，必须坚决反对。云南及其园林要可持续发展，需要前瞻性的、长远的规划建设，每个城市或地区都应当为未来生态安全的大目标开展园林建设。城市绿地园林也应当是以解决绿地及绿地系统中的生态安全问题为根本出发点的。

2.6 防灾功能

云南是一个地质灾害频繁的重灾区。国土资源部统计报道的2002年9起重大地质灾害事件中只占全国陆地面积4.1%的云南省，却囊括了超过全国40%的重大地质灾害事件。对地下资源的无目标乱掘、乱探、乱采和过度开发形成的地质基础薄弱，自然平衡失调，以及地表植被的过度采伐和破坏所带来的水土流失加强，是诱发地质灾害的重要因素[9]。云南可以说是一个生态不安全的省份。因此，云南的园林应特别重视它的安全与防灾功能。园林绿地的标准应适应救灾和防灾的需要，一旦发生，园林绿地应成为直升机的停机场、灾民的疏散地、救灾物资的发放点。

对于城市防灾公园的建设，应与城市绿地系统规划相整合，可在普通公园的基础上增加必要的防灾减灾设施和避难道路、防火隔离带、抢险救灾物资仓库等，将其改造成为防灾公园。平时仍可作为普通公园使用，一旦灾情发生，则启动公园的避难与救援功能，发挥防灾公园的防灾减灾作用。同时考虑防灾绿带的建设，因此，城镇中灾害的发生及造成的损失通常不是单一的灾害种类，而伴随着其它灾害，如火灾，几乎是造成损害的主要原因。因此，需在防灾公园避难广场、避难农田、小型避难场所四周及外围设置用于防火、救灾的防灾绿带，宽度通常在10m以上，栽种复合树种以构成消防林带，并设置自动洒水灭火系统。具有控制辐射热与热气流、形成垂直缓冲区、防止避难场所周围因坠落或倒塌造成的人员伤亡，并具备导引避难通道的功能[10]。

2.7 绿化安全

绿化安全就是在绿化活动的全过程中造成植物大量死亡、人身伤害或引发生态灾害，使国家和人民遭受生命或财产损失的安全问题。长期以来，从园林绿化的规划设计到施工养护都很少考虑绿化安全问题。在城市园林绿化建设中，工程技术人员更多关注景观效果，普遍认为绿化工程就是植树，而绿化植物的大量死亡以致影响到人身和环境的安全也不被认为是安全问题。由于绿化安全意识的淡薄，许多简单的问题到后来逐渐发展成为灾害性问题，造成巨大的经济损失，如引种试验的周期不够、绿化隔离带影响交通安全、反季节大树移植造成低成活率等[11]。这些问题亦应引起云南园林的高度重视，并应确定云南城市园林绿化安全事故评价标准，完善城市园林绿化安全管理制度，加强城市园林绿化安全管理。

2.8 园林物种引进

引进园林植物是美好的事情，世界各地人们为了丰富植物种类，纷纷从外国或外地引种植物。然而，美好的背后也存在一些潜在的威胁，在人们不经意的时候可能将一些有危害的植物引进来，对生态环境造成意想不到的后果。在外来植物的引进和应用过程中，有两种情况是应该避免的。一是引进侵略性植物。在异地引进植物的过程中，人们往往对病虫害的检疫十分关注，却忽视花卉本身，如加拿大一枝黄花、飞机草等，因此，应对入侵性植物建立一套防范制度。二是不惜代价引进和应用不适应现实条件的植物。作为一个边境省份，园林物种的引进更是存在着较大的风险，因此，在云南的园林绿化中首先提倡的应是乡土植物，其次是能适应当地环境的引进植物。大量引进国外的草种和树种、花卉，盲目的大面积更换城市树种，大量移栽大树、古树都将可能威胁当地生态系统的安全，导致园林绿化种质资源的安全问题发生。

3 维护云南园林生态安全的对策

3.1 因地制宜，继承中国古典园林的自然观，尊重自然要素

中国园林崇尚自然，讲究人与自然和谐统一，这与现代园林的发展方向是相吻合的。对于云南的园林，更须审视园林是否真正能做到与自然的和谐共存，是否能符合可持续发展的理念。比如是否尊重了云南城市及其园林中的特殊的地形地貌；是否适应了当地的气候条件和典型的气候天象，并能起到净化空气的生态作用；园林绿地是否能够满足涵养水源、消除水患的作用；是否在保护自然植被的基础上体现了生物多样性的要求等等。

3.2 对城市园林绿地系统规划提出更高的要求

必须重视城市园林绿地系统规划的编制工作，对于云南的城市和县城，其园林绿地系统规划应有更高的要求，应将绿地系统安全作为相应指标和内容列入规划考核范围，体现园林绿地系统的防灾减灾功能，按照园林化、生态化、安全性的要求，坚持以人为本、生态环保优先的原则，积极探索一条适合云南城市和县城园林绿地和生态安全建设的规划机制，在绿地规划编制实施之前，就应在规划层面避免园林生态安全的问题发生。

3.3 重视城乡绿地一体化建设，保持城郊生态系统的完整性

随着城市的更新改造和进一步向郊区和农村扩展，生态安全的园林绿地系统应当是城乡一体化、城市人工绿地园林与城郊自然植被相融合的大系统。必须加大力度建设好市郊森林，优化市郊生态环境，以利于将郊区新鲜空气引入城市。云南的许多城市都是"城中有山"的城市，应考虑以绿色山体为背景，在山体周围广建绿地，并通过绿色林带与其他公共绿地相连，将山上的小动物、鸟类等引入城市，使自然植被与人工绿地连成一片，以有效地保护生物多样性，真正改善城市生态环境。

3.4 大力发展苗木产业，提倡就地培育大苗来加快城市园林绿化步伐

应制订苗圃生产规划，按建成区面积2%配足苗圃。因本地大苗价格便宜，运输方便，根系发达，栽植省工省力，成活率可达100%，后期生长迅速而健壮等优势，应在现有一定

数量的适合培育大苗的苗圃的基础上，由政府正确引导，积极鼓励发展大苗苗圃，为城市园林绿化提供源源不断的大苗资源，避免"大树移植"带来的生态安全隐患，实现城市及其园林的可持续发展。

3.5 城市园林绿化树种的选择应适地适树

城市园林绿化应坚持以乡土植物或经试验适合本地生长的植物为主，以外来树种为辅的原则。政府应注重乡土树种的研究开发和推广应用，积极挖掘有一定利用价值的乡土树种，这也将在一定程度上减少园林物种引进的生态风险。

云南的乡土树种很多都是有利用价值的，其中云南楠木（滇润楠）、云南冬樱花、云南樱花、滇朴、云南拟单性木兰、云南含笑、翠柏、头状四照花、云南小叶樟、云南山玉兰、云南小叶爬山虎、棕榈、高大含笑、马关含笑等均具有良好的利用前景。

4 结语

未来的园林将是一个更加复杂的概念，其涉及的专业知识在包含众多学科的基础上将具有更加广泛的融合性，生态安全的思想即是其中之一。云南的园林要发展，云南优越的生态条件和优势要充分利用，云南的生态环境安全问题要解决，云南的园林与云南的生态环境背景相融合将成为可能与必然。前面的论述已经证实了这一点。云南的园林，要研究云南面临的主要生态环境安全问题与原因，研究解决这些问题对云南社会经济可持续发展造成的影响；研究园林如何做到维护生态安全和保障人体健康；研究园林如何构建园林生态安全格局；研究园林如何保护生物多样性；研究园林如何提高园林绿地系统的稳定性和修复能力。应该说这种以生态保护、生境重建和生态安全为目标的园林实践，其影响力已经超出单纯园林的范畴，是一种可持续的生存和安全的理念，理应成为云南园林的本质核心，而其中对生态安全的思索应成为关注的焦点。

本文参考文献

[1] 欧阳志云. 城市化进程突显城市生态安全问题. http://www.lahr.com.cn.2006.5.15.

[2] 唐进群，刘冬梅，贾建中. 城市安全与我国城市绿地规划建设[J]. 中国园林，2008，（9）：1-4.

[3] 戴世智. 寒地城市居住区更新的外环境设计探讨[D]. 哈尔滨：哈尔滨建筑大学，1998：18-19，29.

[4] 余谋昌. 论生态安全的概念及其主要特点[J]. 清华大学学报（哲学社会科学版），2004，19（2）：29.

[5] 陈国阶. 论生态安全[J]. 重庆环境科学，2002，24（3）：1.

[6] 俞孔坚. 城市生态基础设施建设的十大园林战略[J]. 规划师，2001（6）：9-13.

[7] 李若愚等. 云南省生物多样性与生态安全形势研究[J]. 资源开发与市场，2007，23（5）：442-446.

[8] 郭金凤. 云南将全力打造滇派园林. http：//www.zgzm.com.cn/news/detail.asp?id=1851. 2008.6.30.

[9] 秦学义等. 避免地质灾害的山地城镇规划—以云南省为例[J]. 规划师，2003，19（10）：116-117.

[10] 李晖，唐川. 基于景观生态安全格局的泥石流多发城镇防灾、减灾体系构建[J]. 城市发展研究，2006，13（1）：19-22，29.

[11] 马孟良，黄印冉. 关于城市园林绿化的思考[J]. 河北林业科技，2005（4）：196-197.

四、园林教育教学

"园林设计"课程实践突破法教学研究

摘　要： 结合"园林设计"课程所面向的园林专业的培养目标和课程本身的特点及要求，经过课程教学的实践确立了实践突破法教学的核心地位，提出了实践突破法教学的涵义，分析总结了实践突破法教学的原则、环节与方法、保障等内容，并就加强实践突破法教学提出了几点体会。

关键词： 园林设计课程；实践突破法；教学

1　实践突破法教学的提出和涵义

"园林设计"课程所面向的园林本科专业主要培养具备生态学、园林植物、环境艺术、风景园林规划与设计等方面的知识，能在城市建设、园林、林业部门、风景区、园林绿化企业等从事风景区、森林公园、城镇各类园林绿地规划、设计、施工以及园林植物栽培、养护、管理、应用的高级专门人才。

"园林设计"课程是西南林业大学的校级重点课程，是园林学院园林本科专业学生的一门主要的专业必修课程，是系统学习园林规划设计的理论、方法和技能并综合应用所学知识进行各类型园林规划、设计的课程。要求学生注重理论与实践相结合，通过教学、作业、实验、实习及课程设计等进行各类型园林规划与设计的训练，逐步提高学生综合应用各种绘图的方法、技巧表现设计构思的能力，培养和锻炼学生综合设计能力和一定的专业意识，为学生的毕业设计及参加工作打下坚实的基础。

为了实现高等教育的培养目标，进一步深化教育教学改革，努力培养符合社会需要的技能型、实用型高级专业技术人才，我们始终把学生实践能力的培养与实践教学放在极其重要的地位，努力提高学生的实际动手能力，围绕如何提高学生的实践能力与职业素质进行了一些初步的探索。

实践突破法教学是指根据专业培养目标的要求和课程教学大纲的安排，有计划地组织学生以获取感性知识、进行基本技能训练、培养实践能力为基本目的的各种教学形式的统称，通常包括理论讲授、教学实验、实习、课程设计（专项实践）、毕业设计（集中实践）、参观调查和其它社会实践等。确立实践突破的核心地位，将实践突破法教学贯穿到整个教学过程中，使学生接受到更新的知识、学到更前沿或更实用的技术，培养学生的从业能力。

注：该文章最初发表在《中国教育教学杂志（高等教育版）》2005年11卷第2期。

2 实践突破法教学的意义

实践突破法教学是高等学校贯彻"教育必须与生产劳动相结合"的方针，培养专门人才不可缺少的、重要的教学方法，其教学过程更具有鲜明的方向性，在人才培养和课程教学过程中有着其它教学方法不可替代的作用。

2.1 实践突破法教学是实现开放教育人才培养目标的重要方法

开放教育人才培养模式要求培养的学生不仅要具备一定的理论知识，更重要的是要具备相应的专业技能和素养，成为应用型人才，这就需要通过实践突破法教学去解决、实现。

2.2 实践突破法教学是保证教学质量的重要途径

学生具备了较高的专业技能和从业能力，在社会上就是一个个鲜活生动的广告。要培养出"下得去、留得住、用得上、干得好"的应用型人才，必须正确认识实践突破法教学的重要地位和作用。

2.3 有利于提高人才培养的质量和适应性

实践突破法教学的采用，一方面可以使教师更好地了解社会发展对人才的需求及趋势，从而促进教学内容和方法的改革，使教学与社会实际紧密结合；另一方面可以使学生在经历了大量的实际和各项基本技能训练后，大大提高实践能力，缩短毕业后的工作适应期。

2.4 有利于教学改革的进一步深化

加强实践突破法教学，是教育教学改革的突破口和切入点，传统的理论课室变成了教、学、做相统一的特殊课堂，传统的教师唱独角戏变成了教师、学生共同参与，学生更加熟悉了专业，极大地调动了学生学习的积极性和主动性。考核方式上由单独笔试、只考理论知识，到注重过程考核和综合能力测评，推动了教学改革的不断深化。

2.5 有利于保持和发扬园林本科教育的特色

实践突破法教学的不断改革与深化，推动重理论教学从传统教学模式下解放出来，使园林本科教育实践性较强的特色得以发扬。

2.6 有利于学生创新精神与创新能力的培养

通过实践突破法教学，学生巩固和深化了所学的理论知识，并在大量的具体的实践中发现问题、分析问题、解决问题。很难想象，如果离开了实践突破法教学，单凭传统的教学模式能够培养出学生的应用和创新能力。

3 实践突破法教学应把握的原则

3.1 以学生为中心的原则

以学生为中心是指以学生的目的需要为中心、以学生的能力拓展为中心开展实践突破法

四、园林教育教学

教学。以学生的需要为中心，就是要以提高专业技能为目标设计教学，在教学内容的选取上尽量结合专业生产实际，把学生需要的、想学的技能教给学生。以学生的能力拓展为中心，就是在实践突破法教学过程中强调给学生传授新技术、培养学生从业能力和技术拓展能力。

3.2 密切联系实际原则

密切联系实际主要是指在实践突破法教学过程中，联系专业技术发展的实际、企事业的实际、学院的实际。从企业的实际出发就是密切关注企业的需求，了解他们想什么、需要什么、存在什么样的难题，从而选出企业急需学生能做的实践课题，"真题真做"，既为企业解决难题，也为学生提供实战机会；从学院的实际出发是指在课程实验、专业实习、毕业实习等环节安排充裕的实践时间、环境和机会。

3.3 全过程实践原则

全过程实践原则就是遵循开放教育的理念，将实践突破法教学贯穿到教学的各个环节。开放教育首先应当强调的是教学过程的积累，但人们往往存在一种模糊的认识，认为只有到毕业设计阶段才有实践，而真正的实践突破法教学应当是一个从始至终的完整过程。

4 实践突破法教学的环节与方法

根据上述原则，结合"园林设计"课程所面向的园林专业的特点和培养目标要求及《园林设计》课程本身特点和教学大纲的要求，积极开展实践突破法教学，强化其主体地位，在教师的指导和带领下，以学生为中心来进行教与学的全进程，具体方案如下：

"不断线，三个层次相呼应"的实践突破法教学架构是以教学大纲为依据，实践突破法教学的时间上"不断线"，体现"全过程实践"原则，保证学生在学课程期间实践的时间不断线。"三个层次相呼应"是从实践突破法教学的内容上考虑的，包括第一层次教学实验；第二层次课程设计及实习；第三层次毕业设计。三个层次互相呼应，前一层次是后一层次的铺垫，后一层次是前一层次的结果和目标。

4.1 理论教学

在整个理论教学过程中突出实践的比重，在讲授园林规划设计基本理论、方法、技能时结合全国各地园林景观实景图片，增加学生的感性认识。实例分析时结合以往学生普遍出现的问题，以提高学生的注意力和重视程度。并通过讲解优秀的园林设计实例，鼓励学生学习和借鉴。

4.2 实验教学

采用学生课后自行完成作业内容，上课时学生现场汇报方案或者由教师将学生作业投影在屏幕的方式，现场点评，指出优点和不足，对学生出现的问题集中讲解，可以提高上课的效率，亦能丰富课堂教学方式和内容，培养学生的专业兴趣。

4.3 考核方式

采用综合设计作业的方式。综合设计作业的内容选择实际的工程项目，对学生进行实际项目的训练，培养综合利用所学相关知识解决实际问题的能力，这主要是由专业培养目标的要求、专业具有较强的实践性的特点以及课程本身的实践性较强特点和教学大纲要求而决定的。

4.4　教学实习

选择昆明地区优秀的园林实景进行参观、学习、调查，现场教学，增加学生的感性积累，强化实践记忆，培养实际的尺度和比例观，并撰写实习报告。

4.5　毕业设计

选择教师实际参加的工程项目作为学生毕业设计的课题，指导和带领学生进行全程的实际工程项目的训练，使其熟悉整个过程，使学生较早地进入实际工作氛围，缩短学生就业后的心理和专业技能的距离，培养学生较强的从业能力。

5　实践突破法教学的保障

近年来担任该门课程的教师开展了园林规划设计领域的科研和社会服务项目60多项，过程中选择学生来参与，充分发挥了他们的自主性，大胆创新，既巩固了所学的理论知识又学习了实践的经验和技能，具备了在实践中独立开展规划设计的能力，同时学生们又能把参与科研和规划设计实践的所得应用到进一步学习中，使学生们能从知识积累、理论提升和实践经验中得到有血有肉的学习内容和乐趣，达到了研、用、学三者结合的目的，成为开展实践突破法教学的有力保障。目前我们已在校园景观环境设计、城市绿地系统规划、森林公园与旅游区规划、住宅区景观环境规划、特殊景观规划设计等领域开展了大量的科研和实际工作，都有学生参与，对于学生在这些领域的学习和锻炼起到了非常明显的效果，也为学生培养了兴趣，为进一步深造开辟了较好的方向，为今后开展实际的工作和研究打下了坚实的基础。

6　几点体会

总之，我们在实践突破法教学方面所进行的改革与探索已经取得了初步成效，在近几年大学生就业难、就业市场不景气的情况下，园林专业学生连续保持较高的就业率，这与我们重视实践突破法教学而因此学生实践能力与职业素质较高是有密切联系的。要加强实践突破法教学力度，提高教学质量，具体应在以下几个方面加强：

6.1　努力培养教师的实践能力

实践突破法教学质量高低和效果好差，在一定条件下教师起关键作用。应用实践突破法教学的教师，要求知识面宽、教学经验丰富、有较强的实践动手能力。

6.2　不断充实实践突破法教学内容

充实实践突破法教学内容是知识更新的需要，也是保证实践突破法教学质量的需要，是培养高质量实用型人才的前提。在园林设计课程教学当中突出实践突破法教学的地位，可以为充实实践内容留下较大的空间。

6.3　加强案例教学

案例教学是《园林设计》课程进行实践突破法教学的有效形式之一，几年来开展的案例教学活动已经有一个较好的效果，要继续扩大案例教学的规模，努力使之成为《园林设计》课程教学的一个特色。

6.4　要认清专业在高等教育发展中的位置

园林专业的发展，必须在培养目标上注重实践能力、动手能力的培养，这样才能确立实践突破法教学在专业和课程教学中的地位，把握实践环节教学发展的方向。

园林方案设计新方法

摘　要： 本文从认识园林设计的职责范围、特点开始，阐述了园林方案设计的各个阶段及其内容和要求，以实际园林方案设计项目为例，研究提出并重点阐述了"先功能后形式"和"先形式后功能"的方案设计构思新方法，以期对园林设计研究、实践和教学起到一定的借鉴和指导意义。

关键词： 园林；方案设计；新方法；功能；形式；阶段

要做好园林方案设计就必须对园林及园林设计有一个深入透彻的了解与认识。园林本身所表现出来的形式是多种多样的，我们不可能通过有限的训练做到一一认识、理解并掌握。因此，一套行之有效的学习方法、设计方法和工作方法尤其重要。

1　认识园林设计

1.1　园林设计的职责范围

园林设计分为初步设计（方案设计）、技术设计和施工图设计三个阶段[1]，即从提出园林设计任务书一直到交付施工图纸开始施工之全过程。初步设计担负着确立园林设计的思想、意图，并将其形象化的职责，它对整个园林设计过程所起的作用是开创性和指导性的；技术设计与施工图设计则是在此基础上逐步落实其经济、技术、材料等物质需求，将设计意图逐步转化成真实园林的重要的筹划阶段。

1.2　园林设计的特点

1.2.1　创作性

所谓创作是与制作相对照而言的。制作是指因循一定的操作技法，按部就班的造物活动，其特点是行为的可重复性和可模仿性。而创作属于创新、创造范畴，所仰赖的是主体丰

注：该文章最初发表在《江西农业大学学报》（中文核心期刊）2007年29卷增刊。

富的想象力和灵活开放的思维方式，其目的是以不断地创新来完善和发展其工作对象的内在功能或外在形式，这些是重复、模仿等制作行为所不能替代的。

园林设计作为一种高尚的创作活动，它要求创作主体具有丰富的想象力、较高的审美能力、灵活开放的思维方式以及勇于克服困难的决心与毅力。对初学者而言，创新意识与创作能力应该是其专业学习训练的目标。

1.2.2 综合性与多学科性

风景园林设计是一门综合性很强的环境艺术，涉及建筑工程、生物、社会、艺术等众多的学科。既是诸学科的应用，也是综合性的创造；既要考虑到科学性，又要讲究艺术效果，同时还要符合人们的行为习惯[2]。

1.2.3 双重性

园林设计过程可以概括为分析研究—构思设计—分析选择—再构思设计……如此循环发展的过程。园林师在每一个"分析"阶段（包括前期的条件、环境、经济分析研究和各阶段的分析选择）所运用的主要是分析概括、总结归纳、决策选择等基本的逻辑思维方式，以此确立设计与选择的基础依据；而在各"构思设计"阶段，园林师主要运用的是形象思维，即借助于个人丰富的想象力和创造力把逻辑分析的结果发挥表达成为具体的园林语言。因此，园林设计的学习训练必须兼顾逻辑思维和形象思维两个方面，不可偏废。

另外，园林具有实用与观赏的双重性，二者是在统一的园林整体中体现的，每一个有实用价值的要素和单体也应具有观赏价值[1]。

1.2.4 过程性

人们认识事物都需要一个由浅入深、循序渐进的过程。对于需要投入大量人力、物力、财力，关系重大的园林工程设计，需要科学、全面地分析调研，深入大胆地思考想象，不厌其烦地听取使用者的意见，在广泛论证的基础上优化选择方案，不断的推敲、修改、发展和完善，才能保障设计方案的科学性、合理性和可行性。

1.2.5 社会性与时代性

园林的社会性需要园林师的创作活动既不能像某些画家那样只满足于自我陶醉、随心所欲，也不能像某些开发商那样唯利是图、拜金主义，必须综合平衡园林的生态效益、社会效益、经济效益与个性特色之间的关系，努力寻找一个可行的结合点，才能创作出尊重环境，关怀人性的优秀作品，体现时代的要求。

2 方案设计的任务分析

一般而言，园林方案设计的过程大致可以划分为任务分析、方案构思和方案完善三大阶段。任务分析就是通过对设计要求、地段环境、经济因素和相关规范资料等内容的系统、全面的分析研究，为方案设计确立科学的依据。

2.1 设计要求的分析

设计要求主要是以园林设计任务书（或课程设计任务书）形式出现的，它包括功能空间的要求和形式特点的要求两个方面。

2.1.1　功能空间的要求

具体功能活动所要求的平面大小与空间高度（三维）上的体量要求；对应功能活动内容确立的基本设施的要求；自身地位及与其他功能空间的联系；对环境及景观朝向的要求；空间属性的要求（是私密空间还是公共空间，是封闭空间还是开放空间）。各功能空间是相互依托、密切关联的，依据特定的内在关系构成一个有机的整体，表现为整体的功能关系，我们常常用功能关系框图来把握并描述。

2.1.2　形式特点的要求

不同类型的园林有着不同的特点要求。在对园林的类型进行充分的分析研究的同时，还应对使用者的职业、年龄以及兴趣爱好等个性特点进行必要的分析研究。

2.2　环境条件的调查分析

环境条件是园林设计的客观依据。通过对环境条件的调查分析，可以很好地把握、认识地段环境的质量水平及其对园林设计的制约影响，分清哪些条件因素是应充分利用的、哪些是可以通过改造而得以利用的，哪些又是必须进行回避的。

2.2.1　地段环境

气象条件、地质条件、地形地貌、水体现状、土壤状况、植被状况、景观朝向、周边环境、道路交通、城市区位、市政设施、建构筑物、污染状况等。

2.2.2　人文环境

城市性质规模、地方风貌特色、历史沿革等。

2.2.3　城市规划条件

该条件是由城市管理职能部门依据城市总体规划提出的，目的是从城市宏观角度对具体的园林项目提出若干控制性限定与要求，以确保城市整体环境的良性运行与发展，如后退红线限定、容积率限定、绿化率要求、停车量要求等。

2.3　经济技术因素分析

经济技术因素是指建设者所能提供的实际经济条件与可行的技术水平，是确立园林的档次质量、形式、材料应用以及设备选择的决定性因素，是除功能环境之外影响园林设计的第三大因素。

2.4　相关资料的调研与搜集

学习并借鉴前人的实践经验，了解并掌握相关规范制度，既是避免走弯路、走回头路的有效方法，也是认识、熟悉各类型园林的最佳途径。为了学好园林设计，必须学会搜集并使用相关资料（包括规范性资料和优秀设计图文资料两个方面），结合设计对象的具体特点，资料的调研与搜集可以在第一阶段一次性完成，也可以穿插于设计之中有针对性地分阶段进行。

3　方案构思与比较

在对设计要求、环境条件及前人实践有了比较系统全面的了解与认识，并得出了一些原则性结论的基础上可以开始方案的设计。

3.1　设计立意

在一项设计中，方案构思往往占有举足轻重的地位，方案构思的优劣能决定整个设计的成败。好的设计在构思立意方面多有独到和巧妙之处[2]。

严格地讲，存在着基本和高级两个层次的设计立意。前者是以指导设计、满足最基本的园林功能、环境条件为目的；后者则是在此基础上通过对设计对象深层意义的理解与把握，把设计推向一个更高的境界水平。

例如扬州个园以石为构思线索，从春夏秋冬四季景色中寻求意境，结合画理"春山淡冶而如笑，夏山苍翠而如滴，秋山如净而如妆，冬山惨淡而如睡"拾掇园林。由于构思立意不落俗套而能在众多优秀的古典宅第园林中占有一席之地[2]。

又如玛莎·舒沃兹（Martha·Schwartz）设计的某研究中心的屋顶花园，就是巧妙地利用该研究中心从事基因研究的线索，将两种不同风格的园林形式融为一体，一半是法国规则式的整形树篱园，另一半是日本式的枯山水，它们分别代表着东西方园林的基因，隐喻它们可通过像基因重组一样结合起来创造出新的形式，因此该屋顶花园又称之为拼合园[2]。

3.2　方案构思

方案构思是方案设计过程中至关重要的一个环节。如果说设计立意侧重于观念层次的理性思维并呈现为抽象语言，那么，方案构思则是借助于形象思维的力量，在立意的理念思想指导下，把分析研究的成果落实成为具体的园林形态。

以形象思维为突出特征的方案构思依赖的是丰富多样的想象力与创造力。想象力与创造力不是凭空而来的，除了平时的学习训练外，充分的启发与适度的形象"刺激"是必不可少的，可以通过多看（资料），多画（草图），多做（草模）等方式来达到刺激思维，促进想象的目的。形象思维的特点也决定了方案构思的切入点必然是多种多样的，可以从功能入手，从环境入手，也可以从结构及经济技术入手，由点及面，逐步发展，最终形成一个方案的雏形。

在具体的设计方法上可以大致归纳为"先功能后形式"和"先形式后功能"两大类。

"先功能"是以平面设计为起点，重点研究园林的功能需求，当确立比较完善的平面关系之后再据此转化成空间形象。这样直接"生成"的园林可能是不完美的，需反过来对平面作相应的调整、进一步完善，直到满意为止。

"先形式"则是从园林的形式、环境入手进行方案的构思，重点研究空间与布局，当确立一个比较满意的关系后，再反过来填充、完善功能，如此循环往复，直到满意为止。从园林设计的入门阶段起，我们还应该抵制并坚决反对"形式主义"的设计方法与观念。"形式主义"是指在园林设计中，为了片面追求空间形象，不惜牺牲基本的功能、环境要求，甚至完全无视功能、环境的存在，把园林创作与纯形态设计等同起来。

需要指出的是，上述两种方法并非截然对立，对于那些具有丰富经验的园林师来说，二者甚至是难以区分的。当他先从形式切入时，他会时时注意以功能调节形式；而当他首先着手于平面的功能研究时，会同时迅速地构想可能的形式效果。最后，他可能是在两种方式的交替探索中找到一条完美的途径。

3.2.1 从功能、环境特点及要求入手进行方案构思

富有个性特点的环境因素和特殊的功能要求如领域属性、区域特征以及建筑物风格和特征等均可成为方案构思的启发点和切入点。

例如西南交通大学郫县新校区科技园区主要由两栋建筑组成：功能体单元建筑和科技大楼。科技大楼总高约50m，现代感实足，在整个新校区内均可以见到它的身影，是科技园区的特征建筑和领域属性的体现。根据本区实地建、构筑物的布置和可用于环境绿化建造的土地情况，于方案构思中大致划分两部分：南门、科技大楼、功能体单元建筑为功能部分，中心水景广场、功能体单元建筑内庭、功能体单元建筑北侧绿地为环境绿化部分（图1）。

南门作为学校的次入口，科技园区的主入口，其园林设计应以提示、强调入口，烘托入口氛围及暗示该区域的内容为主，重点于入口的西侧绿地中以栽植成螺旋形的花卉和剪形绿篱形成高低错落的层次，喻义科学研究曲折式上升的过程。并于植物景观中结合高矮、粗细有别的三根浮雕装饰柱，上刻体现西南交大科技成果的代表性内容，以暗指科技园区的主题，形成竖向标志景观。

科技大楼因受环境限制主要考虑于周围进行基础绿化。绿化采用抽象的"浪花"剪形图案，喻意科学的海洋。并于大楼的东侧、靠近墙面处做立体层次的绿化设计，以"贝壳"的抽象形构建分层的花台，花卉植于其中，喻意科海拾贝，体现并烘托科技大楼的氛围。

作为科技大楼和功能体单元建筑之间的联系和整个园区的中心景观，设计以一系列的水景形成中心水景广场。该水景广场以西侧的微地形森林景观为背景构成由园区东入口至微地形森林景观的景观序列。微地形森林景观采用新、奇、特的植物品种，以反映科技的魅力。中心水景广场采用体现高科技含量的电子水晶球、水幕、电脑程控喷泉、水底灯等，以烘托园区的高科技氛围。整体中心水景广场景观赋予整个园区动感、现代、热烈的氛围。

功能体单元建筑内庭以三组近似"X"形的园路组成大小不同的景观空间，喻意科学研究的奥秘和未知。其上联系三组"X"形园路的曲线形园路可于严肃的构图中体现活泼，也喻意西南交大人曲折的探索之路。

功能体单元建筑北侧绿地以休闲为主，旨在为工作其中的师生提供休息、休闲的场所。借鉴采用了西方现代景观环境设计的手法，场地铺装与剪形篱、花卉、遮阳乔木结合，环境优良，气氛近人[3]。

3.2.2 从园林形式及构图特点入手进行方案构思

更圆满、更合理、更富有新意地满足功能需求的园林形式一直是园林师梦寐以求的，具体设计实践中它往往是进行方案构思的主要突破口之一。

例如昆明"志城家园"中心花园设计。设计地段可分为大、小两个区域，为获得对比与变化，大区采用规则式，小区采用自然式，两个区域均具有较强的图案装饰性。大区的设计思路来源于平面构成，旨在满足功能的前提下，采用平面构成的设计满足现代居民追求现代与时尚的心理。小区的设计思路来源于乡村水塘，借以展示自然风景景观和自然古朴的气息，满足现代人们接近自然的要求（图2）。

沿西南至东北对角线方向设计了一条宽4m的道路，形成平面构成的对角线布局，同时满足消防、集散、交通等功能要求，成为小区居民散步、活动等的良好线性空间。道路两端设计了景观廊架，以增强景观效果，反映时尚。道路中部设计了一行列栽植的庭荫树围合而成的小广场，形成"小区森林"景观和平面构成的视觉中心。小广场兼具集散、停留、活动

的功能，有望成为"小区的客厅"。对角线东南设计了草坪区域和儿童活动区，西北为老人活动区，以一组亭廊组合体构成主体，可以充分满足中老年人遮阳、日光浴的需求，也为中老年人打牌、下棋、交谈提供了理想的场所。

除了从环境、功能入手进行构思外，依据具体的任务需求特点、结构形式、经济因素乃至地方特色均可以成为设计构思的切入点与突破口。另外需要特别强调的是，在具体的方案设计中，同时从多个方面进行构思，寻求突破，或者是在不同的构思阶段选择不同的侧重点（如在总体布局时从环境入手，在平面设计时从功能入手等）都是最常用、最普遍的构思手段，这样既能保证构思的深入和独到，又可避免构思流于片面，走向极端[4, 5]。

3.3 多方案比较

3.3.1 多方案的必要性

对于园林设计而言，由于解决问题的途径往往不止一条，不同的方案在处理某些问题上也各有独到之处，因此，应尽可能地在权衡诸方案构思的前提下定出最终的合理方案。[2]只要设计者没有偏离正确的园林观，所产生的任何不同方案就没有对错之分，而只有优劣之别。无论是对于设计者还是建设者，方案构思是一个过程而不是目的，而最终目的是取得一个尽善尽美的实施方案。然而，要求一个"绝对意义"的最佳方案是不可能的，因为在现实的时间、经济以及技术条件下是不具备穷尽所有方案的可能性的，我们所能获得的只能是"相对意义"上的，即在可及的数量范围内的"最佳"方案，因此，唯有多方案构思才是可行的方法。

3.3.2 多方案构思的原则

应提出数量尽可能多，差别尽可能大的方案，要有创造性，方案之间应各有特点和新意而不能雷同。任何方案的提出都必须是要满足功能与环境要求的，否则再多的方案也毫无意义。

3.3.3 多方案的比较与优化选择

分析比较的重点应集中在三个方面：

其一，设计要求的满足程度。是否满足基本的设计要求是鉴别一个方案是否合格的起码标准。

其二，个性特色是否突出。

其三，修改调整的可能性。

4 方案的调整与深化

4.1 方案的调整

方案无论是在满足设计要求还是在个性特色上都已有相当的基础，对它的调整应控制在适度的范围内，只限于对个别问题进行局部的修改与补充，力求不影响或改变原有方案的整体布局和基本构思，并能进一步提升方案已有的优势水平。

4.2 方案的深化

深化过程主要通过放大图纸比例，由面及点，从大到小，分层次分步骤进行。方案构思阶段的比例可为1：500或1：1000甚至更小，到方案深入阶段比例应放大到1：500甚至1：200。

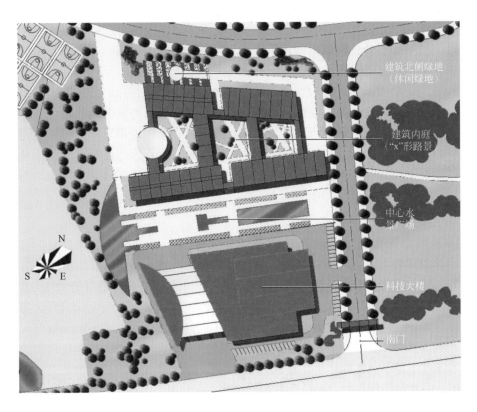

图1 园区园林设计平面图

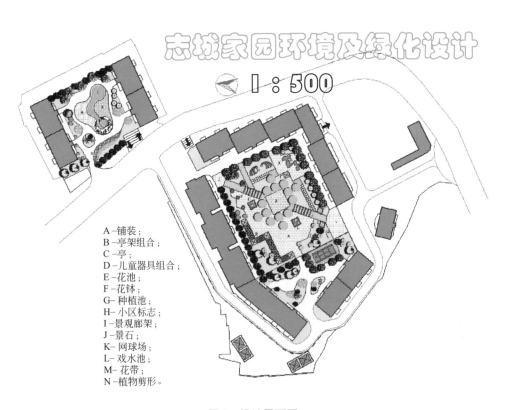

志城家园环境及绿化设计
1：500

A-铺装；
B-亭架组合；
C-亭；
D-儿童器具组合；
E-花池；
F-花钵；
G-种植池；
H-小区标志；
I-景观廊架；
J-景石；
K-网球场；
L-戏水池；
M-花带；
N-植物剪形。

图2 设计平面图

本文参考文献

[1] 叶振启．许大为主编．园林设计．哈尔滨：东北林业大学出版社，2000：3，5．

[2] 王晓俊编著．风景园林设计．南京：江苏科学技术出版社，2000：213，227，235．

[3] 刘扬．环境绿化与建筑的互动．西南林学院学报，2004（3）：40-42．

[4] 刘扬．居住小区居民对绿地的需求研究实践．甘肃农业大学学报，2005，40（综合版）：207-209．

[5] 刘扬．《园林设计》课程实践突破法教学研究．中国教育教学杂志（高等教育版），2005，11（117）：115-117．

园林专业教育发展的新出路探索

摘　要： 从近年来全国园林专业面临的毕业生就业率直线下降的严峻问题入手，在述评国内外发展历程和研究进展的基础上，针对园林专业教育目前存在的诸多问题和行业现状，依据园林专业教育的职业性要求，结合社会对实用型人才的现实需求，探索园林专业教育发展的新出路，提出实现我国园林专业教育可持续发展的出路对策，即明确定位培养目标；统一规范基础课程标准；重点培养学生的职业综合能力；多元构建教学内容框架体系；改革教学模式；建立学生入学门槛制度和专业评估制度，旨在为我国园林事业的发展、生态与人居环境的改善提供可持续的专业教育与人才培养的保障。

关键词： 教育发展；新出路；可持续；目标；标准；能力；内容；模式；制度；园林专业

四、园林教育教学

本文引言

作为唯一有生命的基础设施，我国的园林事业从2001年以后进入快速发展的时期。园林事业也作为"公益事业"引起广泛关注。目前，全国上下都在争取城市绿化用地，积极开展国家园林城市（区）创建活动、城市甚至乡镇园林绿地系统规划编制和修编工作，在大大促进园林事业发展的同时也促进了园林专业的发展，并对园林专业教育提出了更高的要求。

21世纪，人口、资源与环境问题是全人类共同面临的难题。随着人类对生态及人居环境的日益重视以及生态意识的不断增强，园林学将在维护城市化和经济发展中的区域环境生态平衡的进程中起着特殊的作用，这也对园林专业教育提出了更深层次的要求。

对比国际上园林专业人才培养情况，我国的水平还不到国际平均水平的1/10，人才的急需也已成为与国际接轨的当务之急。同时，上述两方面内容也预示着我国未来对综合型的园林专业人才的需求是很大的，专业前景十分广阔。与此同时，据统计数字显示，近年来全国104所开设园林专业的大专院校都在不同程度地面临着毕业生就业率直线下降的严峻问题[1]。随着园林产业逐渐进入增速相对放缓的"平衡期"，几年前连续扩招、专业上马所造就的大批毕业生恰恰在这时达到供应高峰，市场能否消化这一庞大的群体？专业教育能否找到新的出路？这一切，已引起园林界诸多人士的关注，也成为园林专业教育发展研究的重要意义所在。

注：该文章最初发表在《第三届全国风景园林教育学术年会论文集》（中国建筑工业出版社）2008.11。

1 国内外发展历程和研究进展

（风景）园林这一名词一般认为是由美国（风景）园林师奥姆斯特德于1858年首先提出的[2]。1869年，美国在农学院开设（风景）园林相关课程。1898年，美国密歇根州立大学率先创立（风景）园林本科教育[3]。1899年美国（风景）园林师学会成立，1900年美国哈佛大学也开设了（风景）园林理学学士学位。随后马萨诸塞大学（1902年）、康奈尔大学（1904年）等相继成立（风景）园林学科。其（风景）园林本科教育分别早于美国和英国城市规划29年和9年。经过一个世纪的发展，（风景）园林却相对落后了，成为国际上与城市规划、建筑学三足鼎立的学科专业。目前国际（风景）园林学科专业的发展以美国为先导，欧、日包括中国台湾其（风景）园林学科专业设置多与美国相似[2]。

事实上，20世纪20年代中叶我国就在一些高等院校的建筑科和园艺科开设了庭园学、庭园设计、造园等课程，与美国、日本相比也不过仅晚一二十年，但作为一个专业来设置则起源于1951年由北京农学院（现中国农业大学）园艺系和清华大学营建系合办的造园科，也即我国真正意义上的（风景）园林教育是从建国以后才开始的。后于1956年迁入北京林学院（现北京林业大学）[2]。此后，一些高等院校特别是农林院校相继设置（风景）园林专业或相关课程。50多年里，我国的（风景）园林教育从无到有，获得了巨大发展和长足进步。但至今我国只有少数几所高等院校设置了较为完善的学科体系，大多院校的课程内容、教学体系等主要还是承袭旧的传统，近年来虽有不少改进，但与国际现代概念的（风景）园林体系相比还有一定的差距，表现在专业名称混乱、培养目标不明确；专业口径过窄、远不能满足现代社会的需求；对（风景）园林创新人才及教学质量的评价标准缺乏科学性、多样性，学生创造能力的发挥受到抑制；教学体系中的课程安排、内部结构不合理，对科学、工程技术的重视不够，导致学生动手能力差、理论与实践脱节；课程设置不统一，教学内容也相对狭隘；（风景）园林学生数量急剧增长，质量有待提高，专业教育的品牌意识不够；师资、实习资源等软硬件设施跟不上；教育方式手段陈旧等众多方面。

目前，国内园林专业教育教学方面的研究文献较多，体现出教育者、管理者、研究者对园林专业教育发展的高度关注。该学科全国性专业学会——中国园林学会的会刊《中国园林》2008年度12个主题投稿方向中"园林教育及其实践"位列第一。2007年中国园林教育研讨会更是以年会论文集的形式出版了《南京林业大学学报》（人文社会科学版）2007增刊，汇集了近年来有关园林专业教育方面的大量文献。园林专业教育研究成为焦点和热点问题。但目前研究多集中在专业现状问题分析、教育教学改革、学科课程建设、与美国、日本等国家和中国台湾等地区专业教育比较、院校同类及相关专业教育介绍以及一些具体的诸如教学实习、课程教学等方面，针对园林专业教育如何发展的研究相对较少，而有关园林专业教育发展新出路的探索研究未见报道。

2 园林专业教育目前存在的诸多问题和行业现状

2.1 数量急剧增长，质量有待提高

我国的园林专业教育不得不面对一个庞大的课题："扩招"。随着国家对教育的投入逐渐加大，招生规模逐年增多。园林事业的蓬勃发展更是推动了社会对园林专业人员的较大需求，进而导致连年的扩招和各类高校园林专业的纷纷上马。结果，很多高校的园林专业一个

年级的学生数量就是一百多，甚至接近二百。加上无法在速度、数量和质量上与之相匹配的师资力量、能力水平、设备资源等，导致园林专业的毕业生仅仅是数量的增长，却没有质量的提高，甚至质量在倒退。而教育的发展是一个由数量、质量、结构和效益4个要素组成和相互补充的过程。数量的增长固然是教育发展的一个重要因素，但仅仅是数量的增长，而忽视其他3个因素，是不能称为全面的发展的。不顾质量提高的数量增长只能是一种"拔苗助长"式的增长[4]。表面上的繁荣景象实际上却隐示着园林专业教育定位不清，发展目标不明确的深层问题。

2.2 "植物无用论"

目前很多农林院校的园林专业教学比较倾向于植物方面，相关的课程如植物学、树木学、花卉学、草坪学、苗圃学、生理学、遗传育种学等开设较多，而在实际工作中，特别是在园林方案设计阶段，对设计者的平面造型布局和图纸艺术表现能力要求较高，导致学生认为植物方面的知识没什么用，这是"植物无用论"产生的根本原因。

2.3 "专业课太少论"

主要是指广大学生认为的基础课太多，专业课太少的状态。其中也包括因专业课开设时间较晚而导致的专业课课时较少的情况。

2.4 专业名称混乱、培养目标不明确

专业名称混乱、不统一，学科定位模糊、培养目标不明确的问题已是业内普遍认同的问题，相关研究文献也较多[4-7]。目前，我国园林专业在工科院校的建筑、城规，农林院校的园林、园艺，综合性大学的城规，艺术院校的环境艺术系或专业都有设置。它们根据各自的条件和对园林专业的不同理解，培养目标各不相同。如工科院校侧重于建筑、城市规划和园林工程；林学院侧重于园林绿化；农业院校往往是照抄林学院的做法；综合性大学则偏重于区域规划或是在景观地理学上的深化和延伸；有些艺术院校虽无此明确的专业，却也设有一些相关课程，它们则更偏重于视觉的感受，对园林的工程技术知识了解甚少[2]。即业内普遍认同的三个方面或三个类型的情况：林业院校较综合；农业院校偏植物；工科院校偏设计。

2.5 专业教育框架体系不统一

有关专家指出，目前园林专业还没有形成一个完整的、统一的专业教育框架体系，要么是有些匆匆上马园林专业的院校因自身力量和能力资源的欠缺导致课程教学深度不够；要么是各个院校缺少自己的特色和风格，盲目跟随；要么是似乎无法改变的"农林院校学生表现能力差、艺术院校和工科院校学生不懂植物"的顽固状态。如此形成的实际工作能力差，知识体系没有特色的毕业生就很难有一个很好的出路了。

2.6 课程安排不合理、教学方法陈旧落后

在园林专业教学中，因受到传统理论体系和规范营造模式的束缚，常产生重理论与艺术，轻设计与实践的现象。课程安排偏重于课堂教学和书本授课，而专业设计和工程实践课时明显不足。同时，专业基础课、专业课和设计实践课三者之间衔接也不尽合理，易导致学

生出现理论与实践脱节、动手和创新能力差等问题。另外，传统的教学方法以教师为中心，以课本为中心，以黑板为中心的填鸭式的、单向封闭的"三中心"的教学方式已不能完全适应新的教学要求[2, 5, 6]。

3 园林专业教育发展的新出路

3.1 园林专业教育的职业性要求

目前，高校培养的本科生事实上是企业的"学徒工"，而非企业真正需要的"实用型人才"。这反映出我国高等院校园林专业教育职业性的缺失，也是广大应届毕业生实际工作能力不强的原因所在。"园林职业教育就是以培养专业的从业人员为主要目的，根据职业需求而设立的一整套教育系统。培养出来的是可以独立工作，成熟的从业者[1]。"

3.2 社会对实用型人才的现实需求

企业关注的重点是要有实际工作经验、设计能力、表现能力等。用人单位几乎全部要求工作经验在3年以上，个别单位甚至要求5～10年以上的工作经验。随着人才流动频率的加大以及企业心态的成熟，理论基础并不扎实、实际工作经验更加欠缺的应届毕业生逐渐失宠，"再培养成本"和"实用型人才"取代了"名校"，成为了企业人才战略中新的关键词[1]。同时，对园林施工与管理方面人才的需求也是一个不容忽视的问题。

3.3 实现我国园林专业教育可持续发展的出路对策

3.3.1 明确定位培养目标

要明确定位专业培养目标，首先应搞清楚学科专业的基础是什么？在目前建筑、城规、园林"三足鼎立"的局面下，作者认为园林专业的基础还应该是"植物"，也即植物才是"园林"的核心，而绝不是上面提到的"植物无用论"。特别是在当前世界范围内的生态保护与建设的浪潮下，全球多元化使得资源、经济、生态的观念进入各个领域。园林成为一门协调人类社会、经济生活和自然环境诸多关系的科学和艺术；它致力于保护与合理利用资源、创造景观优美、生态和谐、反映时代要求且可持续发展的人居环境[5]。作为唯一可以担当此任的有生命的"植物"理应成为园林学科与专业的基础。也只有这个基础才是建筑、城规无法取代的，也只有这个基础才能实现三者的真正互补。可以如此说，目前园林专业领域被侵入的根本原因还是园林专业自身的基础不清和不牢造成的。反过来讲，为什么园林人无法侵入建筑与城规领域呢？也是根本原因，建筑与城规的学科专业基础非常清楚而牢固。

要明确定位专业培养目标，还要统一专业名称。专业名称的统一至关重要，因为不同的名称对应着不同的内容，名称不统一不仅不便于交流，更可能使各院校的课程体系产生混乱，进而使得专业培养目标不明确，从而导致不符合社会需求的"专业"人才的产生，其不利影响和结果可想而知。当然，专业名称的统一应是科学合理的，名称应能突出和涵盖当代园林的全部内容和特征，要体现与传统园林或庭院设计的区别，要有时代性。

在学科专业基础和名称确定和统一的前提下，定位专业培养目标应该成为业内的共识。明日的LA教育，需要重新定位学科内核，需要明确界定其公共义务并动用公共力量推进其发展，需要设定职业门槛并将职业道德放在首位，这关系到人类社会的生态安全与生存质量[3]。

3.3.2　统一规范基础课程标准

目前，我国各院校园林专业课程设置尚无统一的标准，内容各异，呈现各自为政的局面，即前述的三个方面或三个类型的情况。从当前教育反映的"理论基础并不扎实"的现实来看，应研究确定统一的基础课程标准，作为指导性的课程设置，以明确专业教育人才培养的基本规格。只有这样，毕业的学生才能适应社会需求。当然，园林专业由于涉及自然科学、工程技术、人文科学等多方面，是一门极其综合的边缘学科，完全一致没有必要，也十分困难。只能考虑相对的规范，求大同存小异。因此，作者提出统一规范基础课程，设置统一的基础课程体系，在此基础上，各高校可以根据所在区域、城市、本校优势背景、现实各方面条件等确定自身的特色，如西南园林特色、西北园林特色、中原园林特色、沿海园林特色等。这样不仅能保证"标准"的统一实施，又具有充分地发展余地，以保证不同院校各具特色，同时也能培养学生的兴趣爱好，充分发挥学生的创造性和自学潜力，可以有效解决目前园林专业在农林、建筑、规划、艺术等不同背景高校都有设置的局面。至于标准的统一规范应商讨确定。基于业内普遍认为的植物学、工程学、人文艺术三大方面的LA经典知识[2, 3, 7]，作者认为，统一规范基础课程标准应考虑从专业核心知识的统一上着手，至少包括自然科学、工程技术、人文学科的主要内容。

3.3.3　重点培养学生的职业综合能力

参考国际上先进国家同类专业的办学经验，园林专业教育的本科阶段要进一步强调基础理论和基本技能的培养和训练，力求达到"宽基础、多技能"的就业适应性[8]。同时要结合社会现实需求，与市场供需挂钩，重点研究学生心态、学习方法等学生综合能力方面的内容。

园林专业的教学目的是教工作方法，通过相应的教学过程，培养学生分析、解决问题和获取新知识的能力，主要表现为着重培养学生的调查分析能力、设计理论应用能力和计算机应用能力。这也是由园林专业实践性较强的特点决定的。而开展实验、实习等实践教育活动是培养学生职业综合能力的重要手段。

要与学生专业学习相统一，与学生毕业、择业相结合，有效地促进职业综合能力教育的开展，提高广大学生参与的积极性；需加大教育资金的投入，通过组建花艺协会、科研小组、摄影协会、美术创作室、设计工作室等，广泛吸引学生参与其中，为他们提供广阔的平台展现自己，以逐步提高职业综合能力；要搞好职业综合能力教育的基地建设，重点建好花苗圃地、温室、树木园、花卉研究所、设计院所等基地，同时，积极与企事业单位建立联系，结合专业实践要求积极拓展实践教学基地；积极开展以提高职业综合能力为目标的专业素质训练活动，办好学生作品展、模型制作展、学术报告会、师生学习经验交流会以及园林科技文化月（年）活动、专业社会实践活动等。通过多方面、多渠道、全方位的职业综合能力教育平台的建设实现重点培养学生职业综合能力的目标。

另外，学生素质的培养还包括职业道德培养。园林设计者应站在使用者的立场上，切身体会使用者的生理和心理需求，满足广大群众而不是少数人的需要。不应只津津乐道于自己所创造的作品，而忽视了作品所服务的对象[9]。职业道德培养也应该成为学生职业综合能力的重要组成部分。

3.3.4　多元构建教学内容框架体系

目前，园林专业的教学内容相对狭隘，课程设置多以传统园林学为重点，与之相对应的课程有园林史、园林植物、园林建筑、园林规划设计、园林工程、园林艺术等。这些课程主要研究园林的各组成要素及其相互间的关系与作用，是学科的基础内容，以研究内部问题为主，缺乏开放性，容易陷入就园林论园林的小圈子，造成知识面狭窄以及设计观念和手法的落后，禁锢学生思维和创新能力的培养，也难以适应21世纪社会发展的新变化[6]。

事实上，园林专业应该是动态的专业、变化的专业、成长的专业、与时俱进的专业。随着人类社会从农耕文明到工业文明再到后工业文明的进步，现代园林的教学内容也获得了极大的扩展，包括传统园林学、城市园林绿化、大地景观规划三个层次。这种从微观到中观再到宏观循序渐进的层次使园林学科的系统更为完善，更具开放性与综合性。因此，课程设置除了传统园林学相关课程外，要实现教学内容如此规模的扩展，就必须加强支持上述层次的相关领域基础课程的教学工作[5]。同时在教学过程中要注意三个层次课程之间的关系，使学生既能把握学科的整体体系，又能领会各层次的研究重点。

园林专业作为实践性很强的应用学科，涉及自然科学、工程技术和人文科学等多方面，具有相当的综合性和边缘性。正因为该专业内容十分繁杂，建立多样化和完备化的教学内容框架体系就成为必然要求。作者认为，在保持传统园林核心内容和文、艺、理、工融合的基础上，应该从以下几方面多元构建教学内容：历史方面（如艺术史、建筑史、技术史）、植物方面（如树木学、花卉学、草坪学、苗圃学）、生态方面（如生态学、景观生态学、园林生态学、人类生态学、城市生态学）、环境方面（环境社会学、环境行为学、环境心理学）、大气方面（如气象学、物候学）、大地景观和地理方面（如自然山水学、地质地貌学、土壤学、城市地理学、自然地理学、人文地理学）、城市方面（如城市规划设计、城市林业、城市学、城市社会学）、对资源的合理利用与保护性开发方面（如生物多样性保护）、设计与表现能力提高方面（如表现技法）、实践方面（如园林工程、园林施工与管理）等多方面研究构建园林专业教学内容，要既有理论又有实践，形成以植物应用、园林生态为"核心"的教学内容框架体系，这才永远是"园林"的基础和"灵魂"，也是实现专业可持续发展和强大的手段。这样一来，园林专业实行五年制就将成为必须。

3.3.5　改革教学模式

重点研究、改革现有陈旧的教学模式，转变以教师、课本为中心的教学模式为以学生、实践为中心的教学模式，强调理论与实践的结合，从教学方法和手段上构建科学、合理、高效的教学模式，以适应现代园林专业教育教学的要求。随着园林学科专业内容的不断扩展与更新、现代科学技术的发展，传统的教学方法和手段正变得越来越现代化与多样化。在目前园林专业的教学中已经普遍采用多媒体教学、案例分析教学的基础上，应进一步加强实地现场教学和实施体验式教学。通过组织学生到各类园林实践点进行实地调查与测量，开展直观、生动、形象的现场教学，以加强学生的感性认识，活跃设计思维，提高学生的学习兴趣和动手操作的能力，调动学生获取新知识和提高综合技能的热情，培养和提高学生分析和解决问题的能力。对于植物类课程、工程施工类课程非常适用。

体验式教学则应在学校配套建设的设计工场上，利用各种教学模块进行地形营造、植物配置、工艺铺装、喷泉安装等实际操作演练；在实习农场上，包括花苗圃地、树木园、温室等，进行花卉、树木、草坪的整地、播种、栽植、培育、养护、管理等一系列实际操作训练。当然，这需要加大资金、场地、师资等的大量投入，特别是在目前学生规模比较大的现实情况下。可是，如果不这样操作，如何解决高校培养"学徒工"的现实和企业单位考虑的"再培养成本"问题？要让园林的学生成为市场的宠儿，园林专业教育能够可持续发展，必须加大教育的投入来换取教育长远的利益和可持续发展。

3.3.6　建立学生入学门槛制度与专业评估制度

作者认为，应建立学生入学门槛制度。即应在高考时就实行基础课程的加试，提高园林专业学生的入学门槛，也为进一步的学习检测应有和必需的基础条件和能力素质。入学后，经过2～3年学习再进行分流，区分植物、设计、施工、管理等不同的专业学习内容，既可以使学生能针对各自能力条件和特点选择学习，做到因材施教，又能为社会培养有针对的、实用型人才。一句话，就是对学生适合与否进行筛选，保证学生的基本素质问题，因为作为一门非常综合而繁杂的园林专业学科，并非所有的学生都适合这一专业的学习，建立这样的制度可以使我们的教育有目的、有成效，事半功倍，有利于园林专业教育的可持续发展和园林专业人才的质量培养。

而建立专业评估制度，就是成立专业评估指导委员会，对专业院校进行定期的评估检查，根据评估检查结果取缔、合并不具备办学条件的专业，而支持有能力、有实力的院校办学，集中资源，有的放矢，从根本上保证专业教育的质量和可持续发展。

本文参考文献

[1]　郑宗．李颖．毕业生就业率折射专业教育发展的多棱镜 [N]．中国花卉报，2007-06-14（6）.

[2]　丁绍刚．我国高等农林院校园林专业的现状与教育教学改革初探[J]．中国园林，2001（4）：15-17.

[3]　吴人韦．明日的 LA 教育 [J]．园林，2006（8）：64-67.

[4]　赵警卫，王荣华．我国园林教育发展所面临的问题及其对策[J]．河北农业大学学报（农林教育版），2006，8（4）：11-14.

[5]　韩鹏，董君．园林专业教育改革与课程建设探究[J]．内蒙古农业大学学报（社会科学版），2002，4（3）：56-58.

[6]　刘辉华，田英翠．谈农林院校园林专业的现状及教育教学改革[J]．企业家天地·理论版，2006（9）：114-115.

[7]　祁素萍，王兆骞，陈相强．中美园林专业教育现状的研究与比较[J]．山西农业大学学报（社会科学版），2005，4（3）：267-269.

[8]　张文英．钟耿涛．广东高校园林专业教育发展浅论[J]．广东园林，2003（3）：13.

[9]　严贤春，侯万儒，张硕，黎云祥．师范院校园林专业教育教学与人才培养研究[J]．西华师范大学学报（自然科学版），2006，27（3）：331-334.

"园林植物设计"课程教学优化设想——以某大学相关课程为例

摘　要： 基于园林建设中应以植物景观为主的时代背景与需要，以优化"园林植物设计"课程教学为目的，以某大学相关课程为例，在分析目前该课程教学现状的基础上，寻找问题所在，有针对性地提出总体优化设想，并进一步提出对教学内容的优化设想，以期对相关课程的教学能有所裨

注：该文章最初发表在《第二届高等教育理工类教学研讨会》（美国科研出版社）Nov.2012，ISTP检索。

益和启发。

关键词： 课程教学；园林植物设计；优化；植物景观

1 时代背景与需要

目前很多农林院校的园林专业教学植物方面的课程相对比较多，如植物学、树木学、花卉学、草坪学等，但在实际工作中，特别是在园林方案设计阶段，对设计者的平面造型布局和图纸艺术表现能力要求较高，却对植物选择的合理性、配置的科学性、效果的美观性、经济的节约性等要求较低，甚至视而不见，更不会考虑平面造型布局是否影响植物景观效果的表现和生态效益的发挥，由此导致学生认为植物方面的知识没什么用，这是"植物无用论"产生的根本原因[1]。现实情况也说明了这个问题，园林的学生不会"栽树"，图纸上不会栽，施工现场上更不会栽，也就更难谈得上利用植物来进行设计了！英国造园家 B. Clauston 提出："园林设计归根结底是植物材料的设计，其目的就是改善人类的生态环境，其它内容只能在一个有植物的环境中发挥作用"。植物是园林的基础，但由于大家的固有观念，就出现这种尴尬局面！由于园林《种植设计》是一门植物学和设计学交叉的课程，因此园林种植设计专业基础内容驳杂，既要求学生具有比较扎实的树木学和花卉学基础，又要求学生具备设计表现能力和艺术审美的基础[2]。

事实上，不是"植物无用论"，也不是没有学习植物，而是没有学好设计和应用植物。园林植物设计，目前只要认识植物和了解其属性的状态是不够的，要深入，深入到原理，如植物群落学原理、生态位原理、植物相关性原理等，之后要应用这些原理做出科学合理的设计！真正的设计动手能力也应该是建立在植物设计应用基础上的平面造型布局、图纸艺术表现、功能与空间区域的划定、交通的组织、景观的安排[1]。因此，对于"植物"的设计教学始终都不能松懈。

特别是在当前世界范围内的生态保护与建设的浪潮下，全球多元化使得资源、经济、生态的观念进入各个领域。我国建国60年的园林绿化建设过程中，实现了由重园林建筑、假山、雕塑，喷泉、广场等，而轻视植物到提倡园林建设中应以植物景观为主的重大转变[3]。园林与生态的必然结合将为园林中的"植物"提供广阔的空间和舞台！而对于园林植物设计人才的教学培养也将成为时代的需要。

鉴于上述背景，对园林植物设计课程的教学进一步优化、改革、完善、提高将具有重要的现实意义与实用价值。

2 相关课程教学现状

目前，同类课程的名称比较多，如（园林）植物造景、（园林）种植设计、（园林）植物景观设计等。结合前述分析，笔者认为，与（园林）地形设计、（园林）建筑设计、（园林）道路设计一样，该门课程实质上也是一个园林要素的设计问题，所以，同类课程的名称宜统一为（园林）植物设计。笔者亦尝试使用这一名称来统一论述以下内容。

依据2006版本科生教学大纲，对比研究生的同类课程，目前该大学园林学院相关课程教学情况如表1中内容所示。

表1　某大学园林学院相关课程教学情况

层次	专业	课程名称	学分	总学时	理论学时	实验学时	实践教学	学期	性质	备注
本科生	园艺	观赏植物配置与造景（必选）（曾用名"植物造景技术"）	2.0	32	24	8（2006版之前无）	0.5（2006版之前无）	7	选修课（必选）	专业特色课
	艺术设计（城市环境艺术）	观赏植物配置与造景（曾用名"景观植物配置"）	2.0	32	16	16（2006版之前无）	0.5（2006版之前无）	5	选修课	学科基础课
研究生	园林植物与观赏园艺、城市规划与设计、设计艺术学	植物配置与造景	3 2 2	60				2	学位课选修课	统一授课
	风景园林硕士专业学位	园林植物应用与技术	2-3	42	36		6	1	主干课	全国风景园林硕士专业学位教育指导委员会文件-园林指委[2009]02号[5]

　　本科生方面，2006版之前的园艺、艺术设计（城市环境艺术）专业只有理论教学，共32学时，无实验与实践教学环节。教学内容主要依据苏雪痕先生的著作《植物造景》[4]。采用2006版教学大纲以后，增加了实验与实习教学环节，但总学时仍然只有32学时。教学内容上，也因无相关课程教材而没有统一。笔者认为，2006版教学大纲的修订虽然比以前有了进步，但仅就这门课程而言仍然是不成功的，而且，遗憾的是，这类课程完全不对园林专业的学生开设。

　　研究生方面，科学硕士的《植物配置与造景》课程因专业的不同其性质不同，有学位课与选修课的差异，但总学时达到60学时已经足够。专业硕士的《园林植物应用与技术》课程教学目标之一为：科学的运用植物知识来进行植物的设计，营造生态优良与景观质量优美的园林环境。其教学内容与园林植物应用、设计相关的内容有：第一章园林植物概念（3学时）、第二章园林植物的功能与作用（3学时）、第六章不同绿地植物景观营造与配置技术（3学时）、第七章水生植物景观设计与栽培养护技术（3学时），总共12学时[5]。应该说教学目标是明确的，但相关教学内容却明显不足。

3　存在的问题

3.1　重视程度不够

　　从以上现状与分析来看，无论从面向专业的覆盖面、课程总学时方面，还是从课程性质、地位方面，对于该门课程的重视程度是远远不够的。

3.2　课程面向的专业不够全面

　　对于课程所面向的专业，不对园林专业开设不能不说不是个遗憾，这与时代的需要以及园林设计作为植物材料设计的本质是极不相称的。而对于开设的专业，该门课程针对不同专业的区分程度与特色满足方面也存在不足。

3.3 学时不尽合理

整体上，对本科生而言，该门课程的学时偏少，特别是2006版教学大纲在分配了实验与实习学时之后，理论学时更显不足，16～24学时的理论教学对于庞大的植物设计内容来讲实在是微不足道。而对于研究生而言，专业硕士的教学学时更是少得可怜，应参考科学硕士的设置比较合理，但需合理分配实验、实习环节的学时，目前纯粹理论教学的安排欠妥。

3.4 教学内容比较陈旧

从所用教材与课程内容的简介上均能反映出教学内容比较陈旧这一问题。传统的，将植物景观设计按照与园林要素、或与绿地类型、或与对象类型的关系分别论述形成的教学内容，并不利于形成系统的、整体的园林植物设计的理论与方法体系，会导致园林植物设计内容的支离破碎。

3.5 课程教材缺乏

目前国内外的同类书籍（教材）较多，据笔者不完全统计，不下20本之多，说明学者、专家们都对园林植物（景观）设计或园林植物造景这一领域给予了高度的关注。但却存在从事园林植物教学的人无法很好地结合设计实践、从事设计实践的人又无法很深入地掌握植物的尴尬现实，由此导致的书籍（教材）的编写优缺点并存，不好一一评论。但比较共性的缺点，也是笔者一直不赞成的，就是将植物景观设计按与建筑、山石、水体、园路的关系分别论述，或者按公园绿地、居住绿地、道路绿地、工矿绿地、庭院绿地的不同类型，或者按乡村、森林、湿地、公路、专类园、室内、立体绿化、屋顶绿化的不同类型分别论述，这会导致学生在学习的过程中更感晕头转向、不知所云。事实上，只要掌握了园林植物（景观）设计的方法，至于与其他园林要素如何结合，或者园林植物（景观）设计到何种绿地类型或景观类型上，只是科学、合理地结合的问题，万变不离其宗。另外，目前的较多同类书籍（教材）也没能很好地结合理论的教学和设计的实践，所采用的教材年代比较久也是不争的事实。

4 总体优化设想

针对上述现状与对问题的分析，笔者认为应该密切响应时代和社会的需要，在园林建设中应以植物景观为主的客观背景下，进一步提高对于该门课程教学的重视程度，形成以园林植物设计教学为核心的本科生与研究生教学体系，及时修订教学与课程大纲，重点从增加教学学时与改革教学内容两大方面下工夫，做文章。与此同时，应扩大课程面向的专业范围，以突出林业高校的优势、强项以及特色，满足园林绿化建设以植物造景为主的大势所趋之需，从培养实用型人才角度和高度优化园林植物设计课程的教学。另外，进一步推进教材编写工作，规范教学内容，统一该门课程的教材也是刻不容缓的。

5 教学内容优化设想

依据上述总体设想，笔者主要从教学内容的进一步优化上提出个人的设想，毕竟教学内容的设置是直接影响课程的性质地位、教学体系构建与教学学时设置的。

对于教学内容的优化，重点结合本门课程及其教学的特点，遵循教学规律，按照学生学习提高的进程，循序渐进，将理论的教学与设计的实践完美结合来铺展教学内容，重点在提高学生设计水平的方法的学习和积累上下工夫，总体设想是：在对园林植物（景观）设计进行概述的基础上，首先要认识园林植物，从概念、分类、景观功能、观赏特性各方面，其中观赏特性是重点，包括园林植物的根、茎（枝干）、叶、花、果实（种子）、个体与群体、季相变化；之后要学习园林植物（景观）设计的基本方法，要了解园林植物（景观）设计的主要内容、原则、程序、形式与方法，其中形式与方法是重点，包括树木、花卉、草坪与地被、藤本（攀援）植物、水生植物、竹类植物；以上三章主要是理论的学习，但园林植物（景观）设计毕竟要落实到现实中来，所以，图纸表达将是第四章的内容，包括园林植物（景观）设计相关图纸的类型与要求、平、立（剖）面图、效果图的表达；掌握了以上四章的内容，就对园林植物（景观）设计有了基本的把握；第五章则是如何提高园林植物（景观）设计的水平，包括古典园林植物（景观）设计的学习借鉴、向大自然中的植物景观学习、生态环境因子与园林植物（景观）、美学原理对园林植物（景观）设计的指导、园林植物（景观）设计的文化主题、其他学科专业方法的引入等内容；最后，第六章，以优秀园林植物（景观）设计的实践案例加以验证，做到理论与实践相结合。选取的案例分别为笔者第七届中国（济南）国际园林花卉博览会设计师展园设计方案全国征集优秀奖方案"核园"和国际青年风景园林师设计大赛入围展览方案"槐荫花园"，以及2011西安世界园艺博览会展园方案设计竞赛参与奖方案，2013中国·锦州世界园林博览会招展园设计三等奖方案（图1）。

最后，期望本论文的研究对相关课程的教学能有所裨益和启发。

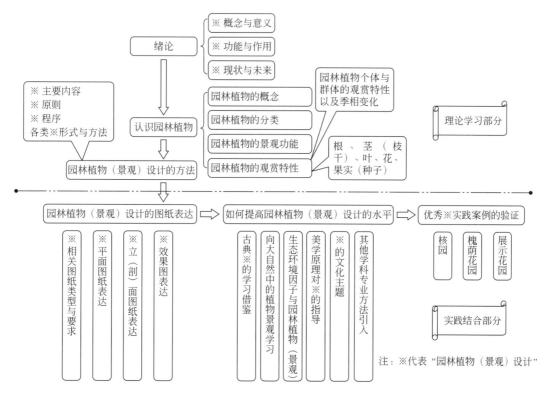

图1　教学内容优化设想框架结构图

本文参考文献

[1]　刘扬，园林之"核"非植物莫属[N]，中国花卉报，2010.4.15.

[2]　田雨，案例教学法在园林专业《种植设计》课堂教学的改革 [J]，广东农业科学，2011（10）：175-176，182.

[3]　园林规划 风雨兼程60年：中国风景园林网（EB/OL）.（2009-9-24）[2012-3-24].
http：//www.chla.com.cn/html/c171/2009-09/42763.html.

[4]　苏雪痕，植物造景[M].北京：中国林业出版社，1994.4（第1版）.

[5]　全国风景园林硕士专业学位教育指导委员会文件（园林指委［2009］02号），2009.6.1.

园林之"核"非植物莫属

1　现实情况

目前很多农林院校的园林专业教学植物方面的课程相对比较多，如植物学、树木学、花卉学、草坪学、苗圃学、生理学、遗传育种学等，而在实际工作中，特别是在园林方案设计阶段，对设计者的平面造型布局和图纸艺术表现能力要求较高，由此导致学生认为植物方面的知识没什么用，这是"植物无用论"产生的根本原因。现实情况也说明了这个问题，园林的学生不会"栽树"，图纸上不会栽，施工现场上更不会栽，也就更难谈得上利用植物来造景了！

2　非常有趣的"入侵"现象

可以如此说，在目前建筑、城规、园林"三足鼎立"的局面下，园林专业领域被广泛侵入的根本原因还是园林专业自身的基础不清和不牢造成的。反过来讲，为什么园林人无法、很难或不易侵入建筑与城规领域呢？也是根本原因，建筑与城规的学科专业基础非常清楚而牢固。我觉得，"植物"是捍卫风景园林不被侵入的武器和砝码！和真正的生物入侵一个道理，入侵的适应性太强或自身"素质"太好，同时，被入侵的漏洞太多、根基太软甚至无意中给入侵的提供了条件和便利。

3　专业基础和专业核心问题

我觉得这是一个专业基础和专业核心的问题。业界也在一直研讨、呼吁要明确定位专业培养目标，但好像还没有搞清楚似的！在目前建筑、城规、园林"三足鼎立"的局面下，我觉得园林专业的基础还应该是"植物"，也即植物才是"园林"的核心，而绝不是上面提到的、学生认为的"植物无用论"。特别是在当前世界范围内的生态保护与建设的浪潮下，全球多元化使得资源、经济、生态的观念进入各个领域。园林成为一门协调人类社会、经济生

注：该文章最初发表在《中国花卉报》（园林景观周刊版）2010.4.15.

活和自然环境诸多关系的科学和艺术；它致力于保护与合理利用资源，创造景观优美、生态和谐、反映时代要求且可持续发展的人居环境。作为有能力而且也最有可能担当此任的有生命的"植物"理应成为园林学科与专业的基础。也只有这个基础才是建筑、城规无法取代的，也只有这个基础才能实现三者的真正互补。

4 园林的"核"

我很同意一位博客评论者的观点："植物无用论"会真正遏制风景园林行业的发展。而且我觉得风景园林的核心也只能有一个，也只能是"植物"，如果有其他，也是从属于"植物"的，不应该成为风景园林的"核"之一。但现在往往本末倒置了！眼下该行当的算是"怪圈"吧，就是实际工作中，特别是方案设计的阶段，较高要求设计者的平面造型布局和图纸艺术表现能力，却对植物选择的合理性、配置的科学性、效果的美观性、经济的节约性等要求较低，甚至视而不见，更不会考虑平面造型布局是否影响植物景观效果的表现和生态效益的发挥，我觉得这也是一种本末倒置，对于园林的"核"的问题，对于真正的园林设计，恰恰应该相反对待。植物是园林的基础，园林专业的设计课程一方面指导植物配置，主要是作为与规划、建筑专业衔接的桥梁，但由于大家的固有观念，就出现这种尴尬局面！见过一个EDSA做过的一个非常不错的小区景观设计，非常美。突出特点就是植物的选择配置太棒了，其实从设计思路上来说，不能讲有什么惊人的创新，但是就这一点就够了。摆清楚了这个关系，我们就能非常容易地发现，不是"植物无用论"，也不是没有学习植物，而是我们没有学好设计和应用植物，做园林设计，目前只要认识植物和了解其属性的状态是不够的，要深入，深入到原理，如植物群落学原理、生态位原理、植物相关性原理等，之后要应用这些原理做出科学合理的设计！我们让"人家"做大了，是我们的根基太软了，深入到原理，之后科学应用进行设计的程度，岂是谁人都可以？真正的设计动手能力也应该是建立在植物设计应用基础上的平面造型布局、图纸艺术表现、功能与空间区域的划定、交通的组织、景观的安排，一句话，一切由"植物"来决定其他园林要素的布局安排，一切给"植物"让路才是园林的"核"，才是园林的根本！植物应该是园林设计要素的"核"，人始终是园林设计的核。

至于新LA的说法，"场地+园林树木+艺术表现=功能+意境"，也是"园林树木"居中，是以"园林树木"为核心的"场地"和"艺术表现"，也即做好"园林树木"设计的"场地"，并加以"艺术表现"，才能真正满足LA的"功能"和实现对于"意境"的追求。

5 我们的路……

所以呢，园林专业的学生们，学好"植物"才是学好"园林"的根本；搞园林教学的老师们，教好"植物"才能把握"园林"的核心，对于"植物"的教学始终都不能松懈。园林与生态的必然结合也将为园林中的"植物"提供广阔的空间和舞台！

这同时要求我们园林人要立足长远，放眼未来，"多赚钱"的日子还任重而道远，因为我们要面对的太多太多，行业、政治、思想、观念等，所以我们要努力……所以我们要坚持些什么！

路漫漫其修远兮，园林人将上下而求索……

风景园林理论探寻与设计案例

FENGJING YUANLIN LILUN TANXUN YU SHEJI ANLI

下　篇　风景园林设计案例

一、竞赛展园设计

第七届中国（济南）国际园林花卉博览会设计师展园设计方案全国征集优秀奖方案——核园

摘　要： 第七届中国国际园林花卉博览会已于2010年在山东济南闭幕。为了更好地体现园博会的主题和宗旨，园博园西北角专门开辟了设计师展园，组委会办公室面向全国公开征集了8个设计师展园的设计方案。"核园"方案即为获得优秀奖的方案之一。

基于园林"核"的思索，结合园博会主题，"核园"以植物造景为主，在了解园博园自然条件概况、6号展园地块位置和地形的基础上，采用现代园林布局手法形成了4个功能空间区域、7个交通节点、对角线构图的总体布局；通过四季植物景观的演绎，营造"呼吸春天"、"享受夏天"、"品味秋天"、"聆听冬天"的意境，尝试以"核园"的创意与设计呼唤社会对未来人居环境的关注和追求，探索园林与人居环境的发展方向。

关键词： 设计师展园方案设计；核园；植物造景；生态理念；第七届园博会；济南

本文引言

由中华人民共和国住房和城乡建设部、济南市人民政府主办、中国风景园林学会、中国公园协会、山东省建设厅、济南市园林管理局承办的第七届中国国际园林花卉博览会（以下简称"园博会"）于2009年9月26日至2010年5月在山东济南举行。这是当前中国风景园林行业最高规格、最高水平、最大规模的国际性博览会[1]，就应该对解决中国当前快速城市化所带来的"生态危机"、"人地危机"等紧迫社会问题起到抛砖引玉作用[2]。本届园博会主题是"文化传承、科学发展"，旨在扩大国内外各城市园林绿化行业的交流与合作，促进城市园林绿化可持续发展水平及造园艺术水平的提高，传播园林文化，增进人与自然的和谐发展，引导社会对未来人居环境的关注和追求。

为了更好地体现园博会的主题和宗旨，达到异彩纷呈的园林艺术效果，园博园西北角专门开辟了设计师展园，拟由设计师提供设计，园博会建设指挥部负责实施，每个展位面积800～1000m²。2009年2月，园博会组委会办公室通过中国风景园林网面向全国公开征集8个设计师展园的设计方案。

结合园博会主题，如何在较小的展园范围内合理布局、准确定位，满足展园在园博园中

注：该方案后形成论文"第七届中国国际园林花卉博览会设计师展园'核园'设计——基于园林'核'的思索的实践"，以下为论文内容。

该文章最初发表在《现代园林》2011.11 和《Journal of Landscape Research》（英文版），December 2011。

下篇　风景园林设计案例

承担的功能和景观要求，因地制宜，遵循生态、节约、可持续发展的理念，探索园林与人居环境的发展方向，体现设计师的个性化创意成为笔者重点考虑的内容。

1 园博园自然条件概况

园博园位于济南市长清大学科技园区，处于北纬36°01′～37°32′，东经116°11′～117°44′之间，属暖温带大陆性半湿润季风气候，四季分明，春季升温较快，多干旱；夏季炎热多雨；秋季天高气爽；冬季漫长、寒冷、少雨雪。年均气温13.7°，年均降水量644.4mm，降水多集中于6、7、8月份，无霜期215天，年均日照时数2624h，光照充足。土壤以褐土为主，pH值平均7.53。

2 设计师展园地块简析

设计师展园地块地形比较平坦（图1，由园博园建设指挥部规划设计部提供）。

8个设计师展园的位置如设计师展园平面图（图2，由园博园建设指挥部规划设计部提供）所示。第6号展园占地800m²。

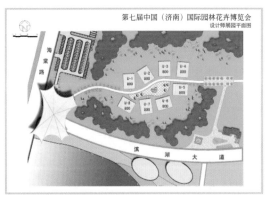

图1 设计师展园平面图

图2 设计师展园地块现状地形照片

3 理念构思背景

在当前世界范围内的生态保护与建设的浪潮下，全球多元化使得资源、经济、生态的观念进入各个领域。园林成为一门协调人类社会、经济生活和自然环境诸多关系的科学和艺术；它致力于保护与合理利用资源，创造景观优美、生态和谐、反映时代要求且可持续发展的人居环境。作为有能力而且也最有可能担当此任的有生命的"植物"理应成为园林的根基。以植物造景为主要特征的园林美学，本应是最丰富多彩的审美对象，如今却陷入了审美疲劳[3]。

笔者认为，园林的"核"应该是"植物"，其他应该是从属于"植物"的。但现在往往本末倒置了，眼下该行当的算是"怪圈"吧，就是实际工作中，特别是方案设计阶段，较高要求设计者的平面造型布局和图纸艺术表现能力，却对植物选择的合理性、配置的科学性、效果的美观性、经济的节约性等要求较低，甚至视而不见，更不会考虑平面造型布局是否影响植物景观效果的表现和生态效益的发挥。对于园林的"核"的问题，对于真正的园林设计，恰恰应该相反对待，即应该是建立在植物设计应用基础上的平面造型布局、图纸艺术表现、功能与空间区域的划定、交通的组织、景观的安排，一句话，一切由"植物"来决定其他园林要素的布局安排，一切给"植物"让路才是园林的"核"，才是园林的根本。植物应该是园林设计要素的"核"，以植物造景为主的自然园林是园林美的"核"，为人服务始终应该是园林设计的"核"。

4 主题与构思

基于上述的思索，设计者以探索园林与人居环境的发展方向为目标和任务，尝试以"核园"的创意与设计呼唤社会对未来人居环境的关注和追求。

由于园名为"核园"，因此植物造景自然是最佳体现，设计的重点也责无旁贷地落在四季植物景观的展示上。鉴于本届济南园博会于2009年9月26日至2010年5月举行，故营造春、秋、冬三季的植物景观就成为设计的核心。为了体现三季植物景观的主题，设计者精心选择与配置植物，通过多层次的人工植物群落科学、合理地营造出一个暗含四季意境的自然园林氛围。

设计中始终坚持以植物造景为主，配合植物造景和人的需要设置必要的场地、道路、水体以及坐憩设施等，且坚持一切为植物造景和人的需要服务，将各种园林要素错落有致地布局成园区内富有吸引力、感染力的园林空间和景观，充分诠释园林"植物为血肉"的比喻。

设计者期望于展园中既有置身绿色森林之感，又能享受开阔空间和通透视野。这种独特的植物景观韵味相信是每个都市人理想的居住环境。在改善城市已经恶化的生态环境方面，以植物造景为主的园林，其生态效应是不容忽视的。在城市化的今天，以植物造景为主的园林才能发挥最大限度的生态效应，体现人与自然的和谐发展。

5 新理念的体现

设计遵循生态、节约、可持续发展的理念，力争体现设计的"生态意识"，在设计中为使园林发挥更大生态效益，设计者在设计过程中运用了不少新型铺装材料，如透水混凝土、砂基透水砖、小石子等。其中，透水混凝土可以起到降温、降噪、透水和利于地下微生物生存和土壤改良，最终促进植物生长的作用，同时采用与之配套的砂基雨水回收利用系统。设计中也拟利用切割成不规则形块的树皮、树枝、废弃卵石等作为树池的铺装材料，生态、节约、环保。

而看似随意铺撒在地面上的小石子，却可以与周围水体、设施、植物等配合，彰显朴素、雅致，除了帮助收集雨水，防止表土形成扬尘，石子间的松散的空隙也可能为植物种子萌发、生长提供空间，营造更具有自然野趣的景致。考虑到目前大城市，包括济南市都普遍缺水的情况下，园中只是配合植物景观的营造设置了必要的水池，且相对集中成片，体现了节约和可持续。

6 空间总体布局

准确定位展园以"植物造景"为主，结合其他园林要素，科学、合理地采用新材料、新工艺，体现植物"核"的理念，满足展园承担的特殊的展示功能和景观要求。

设计因地制宜，通过了解济南城市植物生长的生境、植物造景现场的立地条件，结合济南自然条件概况、展园现场照片、相关图纸资料等进行展园的设计。在选择了设计师展园中的6号位作为设计场地后，充分分析6号位展区所处的环境及地形特点，合理利用其环境中与上级道路有小广场预先过渡的优势，结合入园口道路形态，延续空间，形成了对角线构图的平面布局特色，并自然形成主轴线，两侧布局功能区域的整体格局，做到了形式与功能的完美结合。这些形式的产生均以为植物造景和大众服务为目的。同时，延续的空间与道路形态又与环境有机结合，从形式到功能，再到设计的"核"，都形成了可用于展示的景观（图3）。设计通过合理布局，形成入口停留集散空间、主轴线行进交流空间、以景观亭为主的活动集散空间和以小路为主的散步休闲空间共4个功能空间区域（其他为植物景观展示区域）。同时构建了围绕7个交通节点的由主轴线游览路、散步游览小路和广场行进路线组成的"环状"交通系统，满足人们游览、坐憩、活动等多方面功能（图4、图5）。

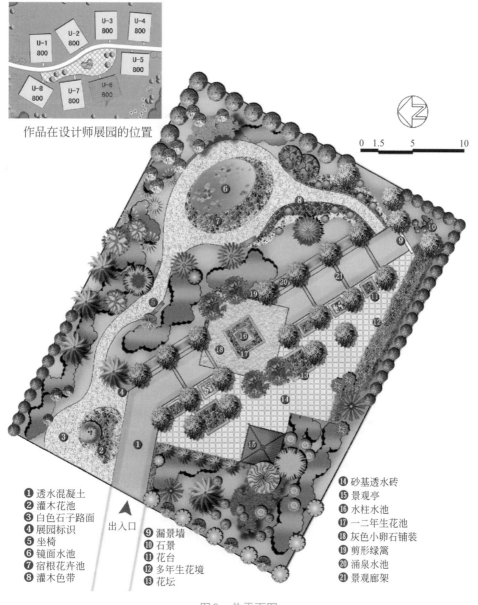

作品在设计师展园的位置

❶ 透水混凝土
❷ 灌木花池
❸ 白色石子路面
❹ 展园标识
❺ 坐椅
❻ 镜面水池
❼ 宿根花卉池
❽ 灌木色带

出入口

❾ 漏景墙
❿ 石景
⓫ 花台
⓬ 多年生花境
⓭ 花坛

⓮ 砂基透水砖
⓯ 景观亭
⓰ 水柱水池
⓱ 一二年生花池
⓲ 灰色小卵石铺装
⓳ 剪形绿篱
⓴ 涌泉水池
㉑ 景观廊架

图3　总平面图

一、竞赛展园设计

71

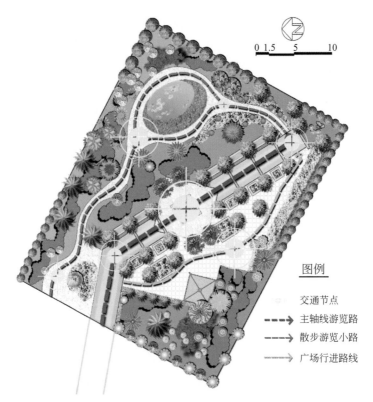

图例

⊙ 交通节点

┅► 主轴线游览路

--► 散步游览小路

--► 广场行进路线

图4 交通分析图

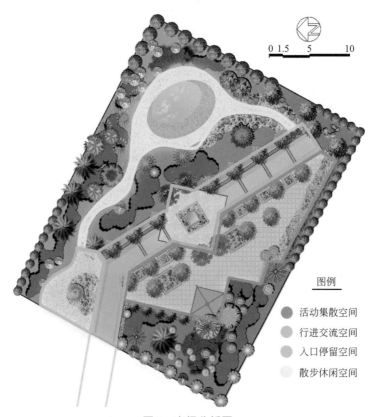

图例

● 活动集散空间

● 行进交流空间

● 入口停留空间

○ 散步休闲空间

图5 空间分析图

7 建筑及小品设计

建筑及小品设计考虑功能需要与必须，适当设置了1处展园标识墙、1座景观亭（图6）、1处漏景墙、1组景观廊架（图7）及多个座椅。花台、花池、水池均为植物造景需要而设置，同时池壁多具备坐憩功能。建筑及小品形式与展园总体风格统一，朴素、雅致，材料以木、石为主，与植物景观及周围环境相协调。

景观亭效果图

图6　景观亭效果图

主轴线景观效果图

图7　主轴线景观效果图

8 植物选用与造景

植物材料的选用做到适地适树。本设计中乡土树种的应用也是一大亮点，这也是保证植物景观效果和种植苗木成活率的重要原则，体现地方特色，避免"千园一面"。为保证丰富的植物景观效果，体现植物群落的构建，展园设计选用树种丰富，乔灌木种类约50种，另有花卉、草坪地被、水生植物种类，做到乔、灌、花、草、地被类型丰富，充分体现"核园"的主题创意（图8）。

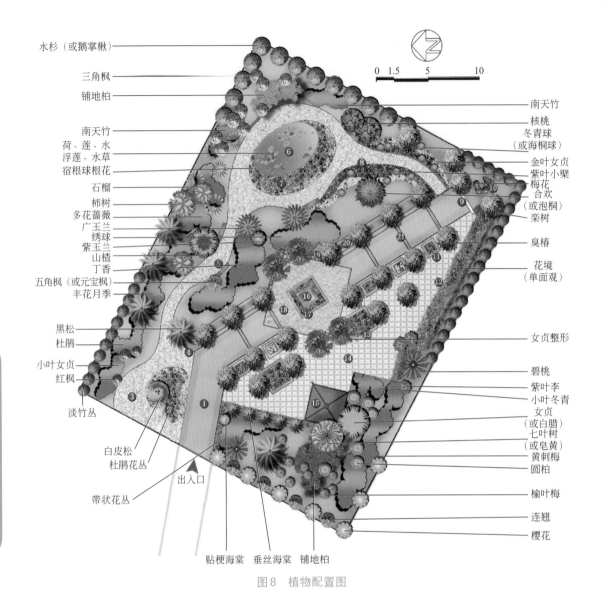

水杉（或鹅掌楸）

三角枫

铺地柏

南天竹

南天竹
荷、莲、水
浮莲、水草
宿根球根花

石榴

柿树

多花蔷薇

广玉兰
绣球
紫玉兰
山楂
丁香

五角枫（或元宝枫）
丰花月季

黑松
杜鹃

小叶女贞
红枫

淡竹丛

白皮松
杜鹃花丛

出入口

带状花丛

贴梗海棠　垂丝海棠　铺地柏

0　1.5　5　10

南天竹
核桃
冬青球
（或海桐球）

金叶女贞
紫叶小檗
梅花
合欢
（或泡桐）
栾树

臭椿

花境
（单面观）

女贞整形

碧桃
紫叶李
小叶冬青
女贞
（或白腊）
七叶树
（或皂荚）
黄刺梅
圆柏

榆叶梅

连翘

樱花

图8　植物配置图

　　为了体现对植物造景的全面理解，设计几乎采用了所有植物造景的方式和手段（因为场地尺度问题，有个别方式和手段无法采用），也包括当前流行的整形、色带等，但主要是以自然园林植物造景为主，充分展示植物的自然形体美，尝试真正利用植物来造景，这也体现了节约和可持续，减少整形植物的养护管理费用。

　　植物选用与造景充分体现和反映四季植物景观的变化和魅力，形成"呼吸春天、享受夏天、品味秋天、聆听冬天"的四季植物景观意境（图9～图12）。

9　结语

　　设计师展园"核园"结合园博会主题，因地制宜，采用现代园林的造园布局手法进行创作，以植物造景为主，其它园林要素为植物造景需要而设计，同时考虑人的需要，一切为"植物"和"人"服务，体现"核"的主题理念，做到"好看、好用、省钱"。此外，设计中

图9 总体鸟瞰图-呼吸春天

图10 总体鸟瞰图-享受夏天

图11 总体鸟瞰图-品味秋天

图12　总体鸟瞰图-聆听冬天

亦关注了"生态意识"，从原理体现到新材料选择和新方法应用。

该设计方案最终被评审确定为优秀奖，体现了园博会组委会及专家对该设计方案的充分肯定。但由于时间紧迫，加之设计者水平所限，设计方案中一定存有许多问题和不足，敬请专家与同行批评指正。

致谢：感谢方案完成过程中绘制部分图纸的五位学生：杨潇虹、李健僖、陈述、付卉、马丽。

本文参考文献

[1]　林涛．刘长雄．第五届中国（深圳）国际园林花卉博览会厦门室外展园设计[J]．风景园林，2007（4）：113．

[2]　唐源远．稻之道——第六届中国国际园林花卉博览会长沙展园模拟景观设计[J]．中外建筑，2008（10）：116．

[3]　本报记者骆会欣访北京林业大学教授孙筱祥．消除园林审美疲劳需回归自然园林[N]．中国花卉报，2009，1（22）：4（总第349期）．

下篇　风景园林设计案例

2011西安世界园艺博览会展园方案设计竞赛参与奖方案

1 方案（一）：对话欧洲花园

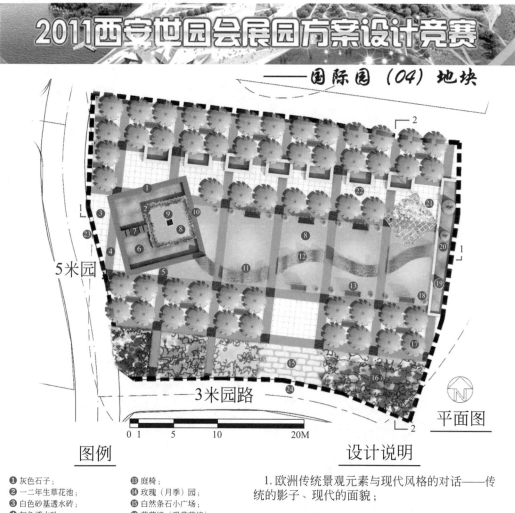

图例

❶ 灰色石子；
❷ 一二年生草花池；
❸ 白色砂基透水砖；
❹ 灰色透水砼；
❺ 黑色鹅卵石；
❻ 静水池；
❼ 木板平台；
❽ 草坪；
❾ 7m高喷柱；
❿ 蓝紫色郁金香造型不锈钢雕塑；
⓫ 玻璃挡土种植池；
⓬ 大地艺术品——波浪形草被地形；

⓭ 庭椅；
⓮ 玫瑰（月季）园；
⓯ 白然条石小广场；
⓰ 草花境（观赏草境）；
⓱ 庭荫树；
⓲ 陶质艺术花器；
⓳ 竹台；
⓴ 倒影水池；
㉑ 涌泉水池；
㉒ 高4m白色不锈钢立方构架；
㉓ 主入口；
㉔ 次入口

设计说明

1. 欧洲传统景观元素与现代风格的对话——传统的影子、现代的面貌；

2. 景观与人的对话——大众服务功能的满足：漫步、坐憩、晒太阳、遮阳、聊天、观望；

3. 景观与生态的对话——植物的魅力；

4. 景观与艺术的对话——点、线、面集成的平面布局形式与色彩对比

首席设计师：刘扬
西南林业大学

图1 平面图——国际园（04）地块

2011西安世园会展园方案设计竞赛
——国际园（04）地块

总体鸟瞰效果图

立方构架与周围环境景观效果图

主入口环境景观效果图

对话欧洲花园

首席设计师：刘扬
西南林业大学

图2　效果图——国际园（04）地块

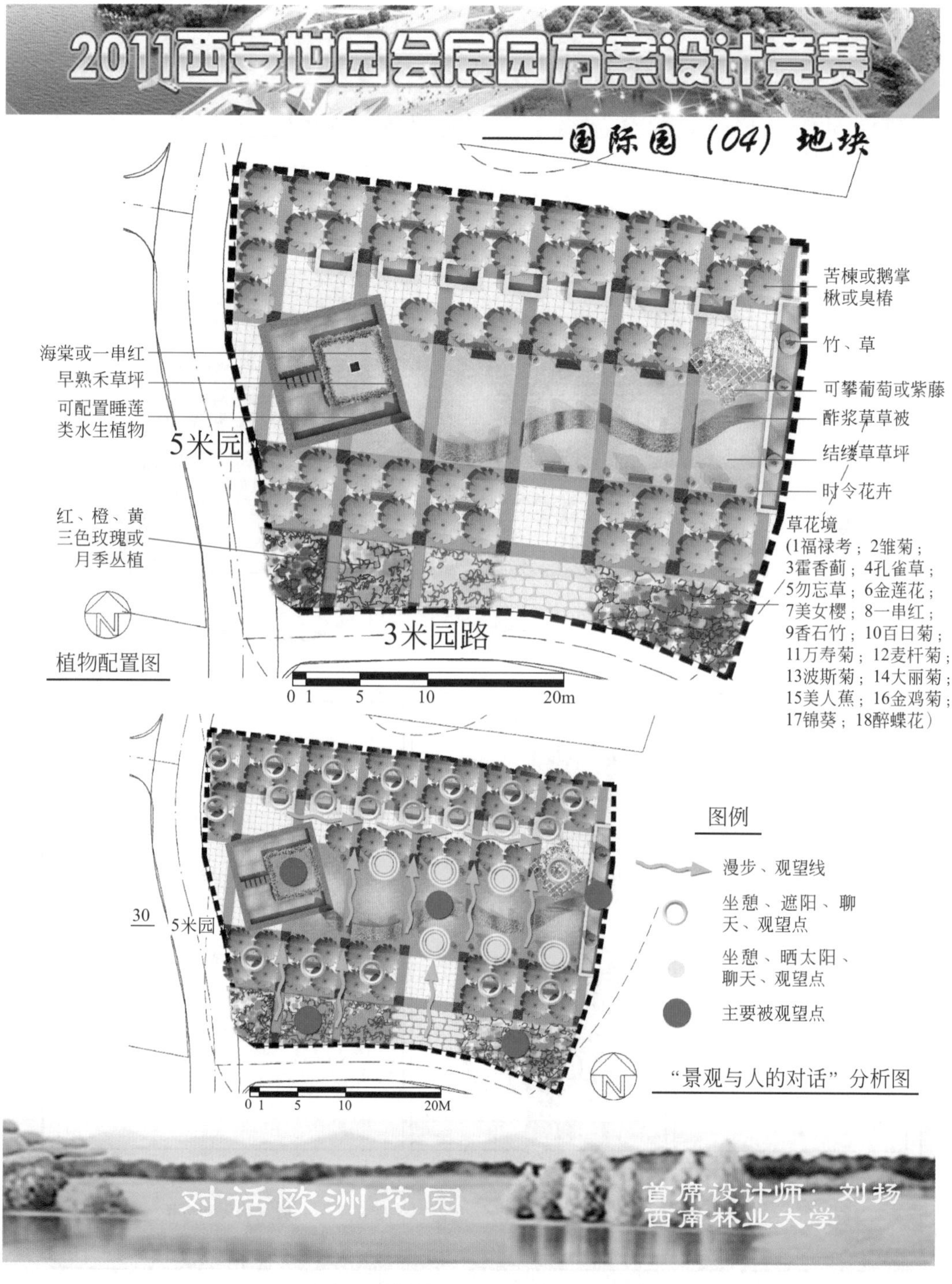
2011西安世园会展园方案设计竞赛
——国际园（04）地块
苦楝或鹅掌
楸或臭椿
竹、草
可攀葡萄或紫藤
酢浆草草被
结缕草草坪
时令花卉
海棠或一串红
早熟禾草坪
可配置睡莲
类水生植物
5米园
红、橙、黄
三色玫瑰或
月季丛植
草花境
(1福禄考；2雏菊；
3霍香蓟；4孔雀草；
5勿忘草；6金莲花；
7美女樱；8一串红；
9香石竹；10百日菊；
11万寿菊；12麦杆菊；
13波斯菊；14大丽菊；
15美人蕉；16金鸡菊；
17锦葵；18醉蝶花)
3米园路
植物配置图
0 1 5 10 20m
图例
漫步、观望线
坐憩、遮阳、聊
天、观望点
坐憩、晒太阳、
聊天、观望点
主要被观望点
30
5米园
"景观与人的对话"分析图
0 1 5 10 20M
对话欧洲花园
首席设计师：刘扬
西南林业大学

图3 分析图——国际园（04）地块

2 方案（二）：阿兹特克的故事

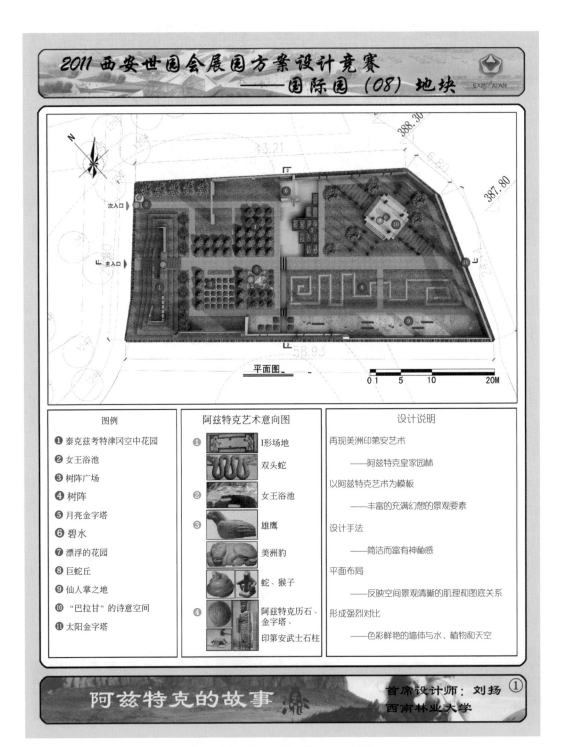

图4 平面图——国际园（08）地块

2011 西安世园会展园方案设计竞赛
——国际园（08）地块

鸟瞰效果图

局部效果图（一）　　　　　　局部效果图（二）

阿兹特克的故事

首席设计师：刘扬 ②
西南林业大学

图5　效果图——国际园（08）地块

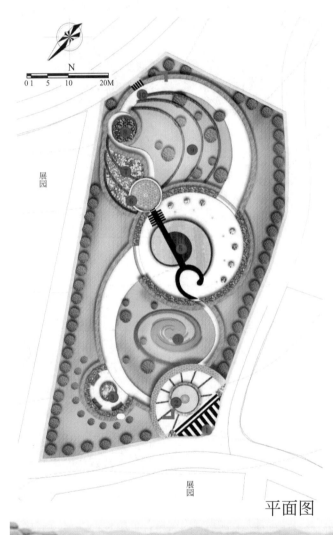

2011西安世园会展园方案设计竞赛

——国际园（03）地块

图例

❶ 入口广场　　　❻ 竖琴喷泉
❷ 喷泉广场　　　❼ 香随我动
❸ 声由心生　　　❽ 花海飞扬
❹ 律动模纹　　　❾ 舞动音符
❺ 泉水叮咚　　　❿ 再回首

设计说明

1. 构思源于欧洲音乐艺术的现代欧洲花园；

2. 简洁流畅的形式，以植物、水体、雕塑、铺装的"音乐面貌"谱写成欧洲风情的花园；

3. 图案花园的影子；如音乐般活泼、跳跃的画面；

4. 浪漫的花园人——聆听音乐艺术般的享受。

平面图

音乐般的花园

首席设计师：刘扬
西南林业大学

图6　平面图——国际园（03）地块

下篇　风景园林设计案例

2011西安世园会展园方案设计竞赛

——国际园（03）地块

"舞动音符"效果示意图

"律动模纹"效果示意图

总体鸟瞰效果示意图

"泉水叮咚"效果示意图

主入口广场效果示意图

音乐般的花园

首席设计师：刘扬
西南林业大学

图7　示意图——国际园（03）地块

2013中国锦州世界园林博览会招展园景观设计方案征集三等奖方案

1 方案（一）：地球花园

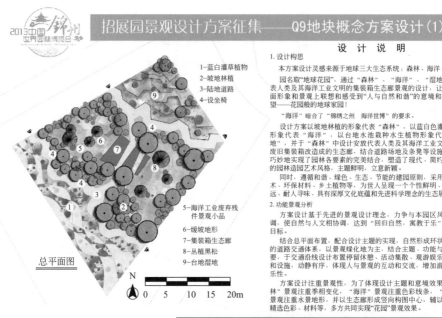

招展园景观设计方案征集——Q9地块概念方案设计（1）

1-蓝白灌草植物
2-坡地林植
3-陆地道路
4-设坐椅

5-海洋工业废弃残件景观小品
6-缓坡地形
7-集装箱生态廊
8-丛植黑松
9-台地湿地

总平面图

N
0 5 10 15 20m

设 计 说 明

1.设计构思

本方案设计灵感来源于地球三大生态系统：森林、海洋、湿地。

园名取"地球花园"，通过"森林"、"海洋"、"湿地"和代表人类及其海洋工业文明的集装箱生态廊景观的设计，让人从平面形象和景观上联想和感受到"人与自然和谐"的意境和美好愿望——花园般的地球家园！

"海洋"暗合了"锦绣之州 海洋世博"的要求。

设计方案以坡地林植的形象代表"森林"，以蓝白色灌草植物形象代表"海洋"，以台地水池栽种水生植物形象代表"湿地"，并于"森林"中设计安放代表人类及其海洋工业文明的由废旧集装箱改造成的生态廊，结合道路场地及条凳等设施小品，巧妙地实现了园林各要素的完美结合，塑造了现代、简约、时尚的园林造园艺术新风格，主题鲜明，立意新颖。

同时，遵循和谐、绿色、生态、节能的建园原则，采用低碳技术、环保材料、乡土植物等，为世人呈现一个个性鲜明、境界高远、耐人寻味、具有深厚文化底蕴和先进科学理念的生态展园。

2.功能景观分析

方案设计基于先进的景观设计理念，力争与本园区风格相协调，使自然与人文相协调，达到"回归自然，寓教于乐"的绿化目标。

结合总平面布置，配合设计主题的实现，自然形成环状、顺畅的道路交通体系，以景观绿化地为主，结合主题、功能与景观需要，于交通沿线设计布置停留休憩、活动集散、观游娱乐的场地和设施，动静有序，充分体现人与景观的互动和交流，增加游客的娱乐性。

方案设计注重观赏性，为了体现设计主题和意境效果，"森林"景观注重季季相变化，"海洋"景观注重色彩线条，"湿地"景观注重水景地形，并以生态廊形成竖向构图中心，辅以藤竹，精选色彩、材料等，多方共同实现"花园"景观效果。

(1) 城市与海 和谐未来 SEA AND CITY HARMONIOUS FUTURE 　地球花园　首席设计师：刘扬 西南林业大学

招展园景观设计方案征集——Q9地块概念方案设计（1）

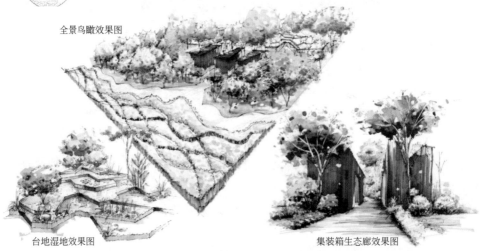

全景鸟瞰效果图

台地湿地效果图

集装箱生态廊效果图

(2) 城市与海 和谐未来 SEA AND CITY HARMONIOUS FUTURE 　地球花园　首席设计师：刘扬 西南林业大学

图1　地球花园

2 方案（二）："纳百川"园

招展园景观设计方案征集——Q9地块概念方案设计(2)

设 计 说 明

1. 设计构思

本方案设计灵感来源于成语"海纳百川"。

园名取"纳百川"，无"海"，却能让人从平面构图和景观上联想和感受到"百川归海"的意境和气势，主题鲜明，立意新颖。

巧妙的"无'海'"，却暗合了"锦绣之州 海洋世博"的要求。

设计方案以道路形象地代表"百川"，以植物形象地代表"海浪"（在海风的吹拂和吹风机的作用下），以平地形代表浩瀚的海洋，并于园中设计水景形场地及木舟、鱼网、榄杆、蓝色条凳等设施小品，巧妙地实现了园林各要素的完美结合，塑造了现代、简约、时尚的园林造园艺术风格。

同时，遵循和谐、绿色、生态、节能的建园原则，采用低碳技术、环保材料、乡土植物等，为世人呈现一个个性鲜明、境界高远、耐人寻味、具有深厚文化底蕴和先进科学理念的生态展园。

2. 功能景观分析

方案设计基于先进的景观设计理念，力争与本园区风格相协调，使自然与人文相协调，达到"回归自然，寓教于乐"的绿化目标。

结合总平面布置，在满足道路交通要求的前提下，以景观绿化地为主，结合功能与景观需要，于重点部位设计布置停留休憩、活动集散、观赏娱乐的场地与设施，动静有别，体现人与景观的交往和交流，增加游园的娱乐性。

方案注重景观性，为了体现设计主题和意境效果，满足竖向构图中心的要求，设计中仅孤植了一株大乔木。考虑到植物主要采用观赏草、灌木、花卉等，冬季的景观效果可以通过色彩、材料、植物的枝条等多方实现。

1-白沙石；
2-小广场；
3-鼠尾草；
4-苔草；
5-园路；
6-通泉草；
7-补血草；
8-孤植竖向构图景观树；
9-红顶草；
10-芒草；
11-常绿篱；
12-结缕草；
13-废弃钢板制成的弧形装饰墙；
14-舟形花器；
15-常绿灌木；
16-白沙；
17-坐凳；
18-榄杆及鱼网装饰小品；
19-熏衣草

总平面图

N
0 5 10 15 20m

(1) 城市与海 和谐未来
SEA AND CITY HARMONIOUS FUTURE
"纳 百 川" 园
首席设计师：刘扬
西南林业大学

招展园景观设计方案征集——Q9地块概念方案设计(2)

功能分析图
----- 植物区
----- 游憩区
----- 交通线

景观视线分析图
----- 主轴景观
----- 次轴景观
----- 节点景观
----- 观景视线

全景鸟瞰效果图

局部透视效果图

(2) 城市与海 和谐未来
SEA AND CITY HARMONIOUS FUTURE
"纳 百 川" 园
首席设计师：刘扬
西南林业大学

图2 "纳百川"园

第十届中国国际园林博览会创意花园设计方案征集参赛方案

（三等奖）

第十届中国（武汉）国际園林博覽會創意花園方案征集

園畫
Painting Garden

创意花园方案征集分区图

作品选址

本作品选址位于创意花园区域S-4-06地块，面积1280平方米，地块形态几近矩形。该地块位于创意花园区域中央，周围被其他分区的地块所包围，交通环绕，区位优越。

WH1280VP003：號编品作

location 区位图

图1　画园区位图

園畫
Painting Garden

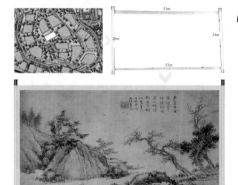

WH1280VP003：號編品作

創意来源

作品选址地块形态几近矩形（长边分别为51m和52m，短边分别为26m和24m），似横幅一般，闪后突然有种想创作一幅山水画的冲动，于是灵光一现，设计师将以"作画"的思维设计创作本作品，并取名"画园"。

众所周知，园林与书画相通。本作品即大胆创新，移花接木地嫁接"园林"与"书画"，体现园林与人文艺术的主题；作品同时关注材料选择的自然与生态特性，体现园林与生态科技的主题。

设计将以画入手，配合花园造景和功能需要，将各种园林要素与中国山水画巧妙对应，有机有致地布局成花园，不仅花园景现如画，而且平面亦如画，充分诠释"画"出来的"园"！

園畫
Painting Garden

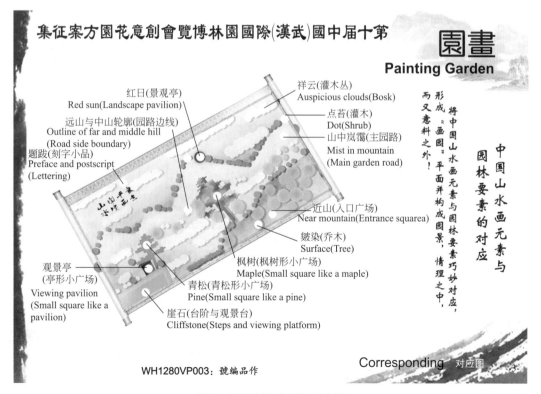

红日(景观亭)
Red sun(Landscape pavilion)

祥云(灌木丛)
Auspicious clouds(Bosk)

远山与中山轮廓(园路边线)
Outline of far and middle hill
(Road side boundary)

点苔(灌木)
Dot(Shrub)

题跋(刻字小品)
Preface and postscript
(Lettering)

山中岚霭(主园路)
Mist in mountain
(Main garden road)

近山(入口广场)
Near mountain(Entrance squarea)

皴染(乔木)
Surface(Tree)

观景亭
(亭形小广场)
Viewing pavilion
(Small square like a
pavilion)

枫树(枫树形小广场)
Maple(Small square like a maple)

青松(青松形小广场)
Pine(Small square like a pine)

崖石(台阶与观景台)
Cliffstone(Steps and viewing platform)

将中国山水画元素与园林要素巧妙对应，平面并构成园景，情理之中，而又意科之外！

中国山水画元素与园林要素的对应

WH1280VP003：號編品作

图2　画园创意分析与对应图

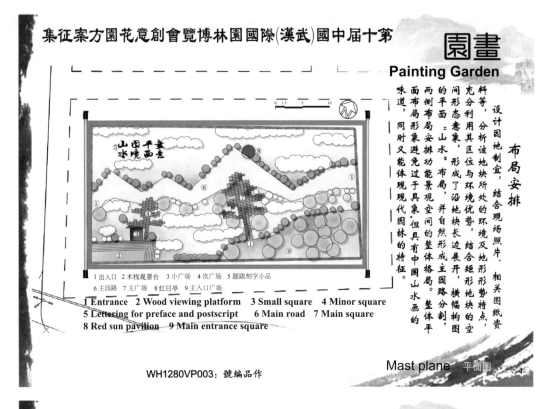

第十届中国(武汉)國際園林博覽會創意花園方案征集

園畫 Painting Garden

布局安排

设计因地制宜，结合现场照片、相关图纸资料等，分析该地块所处的环境及地形形势特点，充分利用其区位与环境优势，结合矩形形态的空间形态意象，形成了沿地块长边展开，横幅构图的平面"山水"布局，并自然形成主园路的整体格局。整体平面布局避免过于具象，但具有中国山水画的味道，同时又能体现现代园林的特征。

1出入口　2木栈观景台　3小广场　4次广场　5题跋刻字小品
6主园路　7主广场　8红日亭　9主入口广场

1 Entrance　2 Wood viewing platform　3 Small square　4 Minor square
5 Lettering for preface and postscript　6 Main road　7 Main square
8 Red sun pavilion　9 Main entrance square

WH1280VP003：號編品作

Mast plane　平面图　4

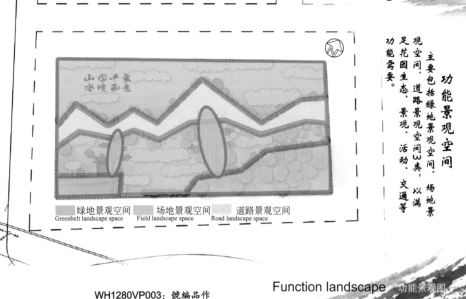

第十届中国(武汉)國際園林博覽會創意花園方案征集

園畫 Painting Garden

功能景观空间

主要包括绿地景观空间、道路景观空间、场地景观空间3类，以满足花园生态、景观、活动、交通等功能需要。

绿地景观空间 Greenbelt landscape space　场地景观空间 Field landscape space　道路景观空间 Road landscape space

WH1280VP003：號編品作

Function landscape　功能景观图　5

图3　画园平面图和功能景观图

第十屆中國(武漢)國際園林博覽會創意花園方案徵集

園畫
Painting Garden

WH1280VP003：號編品作

Bird eye view 鸟瞰图 -8-

第十屆中國(武漢)國際園林博覽會創意花園方案徵集

園畫
Painting Garden

WH1280VP003：號編品作

Perspective 透视图 -9-

图4 画园鸟瞰图和透视图

二、公园规划设计

城市公园规划设计

第七届中国（济南）国际园林花卉博览会国际青年风景园林师设计大赛入围展览方案——槐荫花园

本文引言

鲜花是最富有诗意、最能引发幻想的，古今中外，关于"花"的动人心弦的传说故事数不胜数。同世界上所有的人一样，中国人民也天性爱美，爱花，视花为美，与花媲美，视花为美的化身和美好幸福的象征，对花有着更为深刻的认识和浓厚的情感。在中国人看来，花是有灵之物。人们赏花，除了赏识它那静态的外部形态之美，还善于观察欣赏它那动态的生命变化之趣。另外，中国人还认为花是有情之物，不仅娱人感官，更撩人情思，能寄以心曲。中国人对花的这种看法和情感是观花之后由悟性而得来的一种艺术境界，因此对花产生了更深层的情感和精神上的寄托。

早在7000多年前的新石器时代，河姆渡人就已培植荷花、金粟兰及香蒲作为观赏植物。在漫长的社会历史发展过程中，描绘花、赞美花、歌颂花伴随着人们生活当中的一切喜怒哀乐，成为人们生活中不可分割的重要部分，并且贯穿了整个中国文化的发展历史，形成了在世界文化殿堂占有独特一席之位的中国花文化，可谓丰富繁盛、耀眼夺目。

历经三十年改革开放的中国，社会生产力极大地提高，物质商品极大的丰富，人民安居乐业。养花赏花，作为一种群众文化生活，走进了千家万户。今天，人们在种植、培养、推广花卉的同时，还广泛开展了有关花卉的书法、篆刻、绘画、摄影、装饰、饮食等文化活动，将花文化真正推向了属于人民大众的历史性的高潮。全国各地在推选国花、市花、县花的过程中，城市开辟了大量花园绿地，郊区建立了大面积的商品花培育基地。街头巷尾，每当人们走亲访友，每当人们祝福新婚的伴侣，每当人们在"情人节"，"母亲节"向亲人献上一份爱意的时候，其它的礼物已经不那么重要，一束鲜花则显得弥足珍贵。每逢盛日，花潮如海，鲜花与笑脸相映，人们在乐陶陶地享受着美好的生活。

在物质生活日趋发达的今天，在充满浓烈的商业气味的今天，人们的精神生活中，对美的渴求不消说了，更对美好生活产生了越来越多的渴求，现代城市居民生活消费潮流向鲜花

注：该方案后形成论文发表在CEABM2013：Advances in Civil Engineering（978-0-00001-546-4），EI全文检索。

与时尚奔涌，美不胜收的四季花景，浪漫主义的精神形态、生命追求、休闲方式均是不可或缺的。在这样的大背景下，第七届中国（济南）国际园林花卉博览会于2009年9月22日至2010年5月在山东济南举行。作为本届园博会配套活动之一的国际青年风景园林师设计大赛将依托面积达9.53hm²的济南市园林花木中心基地，精心打造建设一个以花卉为主题的城市公园，意义重大且价值无限。

基于此，设计者以探索园林与人居环境的发展方向为目标和任务，尝试以"槐荫花园"的创意与设计呼唤社会对未来人居环境的关注和追求。设计者期望于公园中既有置身花的海洋之感，又能享受公园带来的乐趣，同时还能接受花文化的熏陶，这种独特的花卉植物景观韵味，以及由此而构成的花一般的游憩赏玩之地相信是每个都市人理想的居住环境。

如果把这座花卉主题公园比作一部交响乐的话，那么，本设计方案就将是它的总谱。

1 项目概况

1.1 区域范围

济南市园林花卉苗木中心（原济南市段店苗圃），始建于1952年，隶属于济南市园林局，现有土地面积10hm²，是全市花卉、苗木产业重要的生产基地。公园规划设计面积9.53hm²。

济南市园林花卉苗木中心位于济南市槐荫区南端，东临兴济河，西临人民武装学院，南临经十路，北靠经六路延长线，交通便利。中心周边商业氛围浓厚，南部为段店小商品城，东部为兴济河商城，人流量大。

近年来，随着周边住宅小区建设速度不断加快，济南市园林花卉苗木中心已成为济南市槐荫区住宅与商业圈中为数不多的生产绿地之一。

1.2 自然环境条件

（1）地貌与土壤

济南市园林花卉苗木中心圃地内地势平坦，圃地外围地势略高于圃地，呈南高北低之势，排水以自然地势向北汇集入排水沟后入兴济河。圃地常年用来培育各类绿化用苗木和花卉，土壤肥沃，土壤pH值为6.9。

（2）气象水文

济南市园林花卉苗木中心地处北纬36°39′，东经116°56′，属暖温带半湿润大陆性季风气候区。受季风影响，四季分明，常年主导风向为西南风与东北风，冬季雨雪稀少，夏季多雨，雨量充沛，地下水位较高。年平均气温14.2℃，年平均降水量685.7mm，最大降水量1160mm，最小降水量320.7mm。

2 基本分析

2.1 主要优势

①区域原为济南市园林花卉苗木中心（原济南市段店苗圃），土壤肥沃，且因临近兴济河，故有优质而充足的水资源。

② 交通便利。

③ 周边居民区较多，游人也就较多。

④ 区域在济南市中心城规划中意义重要。

⑤ 公园建设对于丰富济南市槐荫区及至济南市的社会文化生活将起到重要作用。

2.2 主要劣势

① 因地势比较平坦，需设计营造地形景观以丰富公园景观形象。

② 因广播电视台用地须予以保留，给规划设计将造成一定的不便。

③ 原有圃地内水泥路面与南北向排水沟需处理。

3 主题功能定位

依据大赛在《济南市园林花卉苗木中心城市花卉主题公园设计任务书》中确定的"以花卉为主题的城市公园"的功能及主题定位，设计者自始至终贯彻并体现"花卉"主题，兼考虑花卉的生产与销售功能，力争结合主题功能创造有特色的城市园林景观，明确城市花卉主题公园绝非城市花卉植物园。据此确定公园的主要功能如下。

3.1 观光功能

这是由花的视觉效果第一所决定的，特别是花的品种丰富、花的季节转换。此外，还有在某种花盛开时开展的赏花活动，观光功能丰富多彩。

3.2 游览功能

它是由观光功能自然引出的，特别是离主城区这么近的公园，其游览的功能更加突出。

3.3 休闲功能

在一般的公园中，人们借以休闲放松，在色香姿俱佳的景色中，人们的品茗谈天、打牌下棋、戏水登山、静养呼吸等休闲活动更是具有别样的情趣。春夏秋冬四季赏花将是公园的休闲重点。

3.4 文娱功能

精心设计的文体娱乐区的花会广场，一个鲜花簇拥的公园中心舞台，在不同季节的时间里，表演多种以花为主题和题材的文化艺术节目，包括音乐、歌唱、舞蹈、朗诵、戏剧、庆典、书画等等，实现公园的文体娱乐功能。

3.5 健身功能

通过在鲜花盛开、空气优良、景色优美的公园里行走、健身，人们的身心会更健康。

3.6 防灾功能

必要的时候，公园可作为防灾避难的场所。

3.7 生产与销售功能

主要是生产和销售花卉苗木、盆景等。

4 关于公园名称

依据以上主题定位，鉴于公园位于济南市的槐荫区，确定公园名称为——"槐荫花园"。

设计者认为公园名称语言精练，暗示了公园所属的城市区位；内涵优美，体现了公园"花卉"的主题；联想丰富，昭示了一个唯美的城市公园。

5 规划设计原则

5.1 尊重现状原则

充分分析场地所处的区位、环境和项目特征，准确定位、合理布局，科学利用和改造现状。

5.2 因地制宜原则

因地制宜，结合设计对象的地形、地貌，合理利用其环境优势，做出既有特色，又与环境有机结合的园林景观。

5.3 适地适树原则

植物材料的选用做到适地适树。

5.4 生态、节约原则

遵循生态、节约的理念，积极使用新材料、新技术。

5.5 可持续发展原则

弘扬花文化，增加公园的文化底蕴，实现可持续发展。

5.6 协调统一原则

建筑及小品形式与总体风格统一，与周围环境协调。

5.7 创新原则

探索风景园林行业未来的发展方向，在设计理念和表现手法上有创新。

5.8 可操作实施原则

设计方案可操作、实施性强。

5.9 好看、好用、省钱原则

因花卉主题而形成的好看景观、因以人为本实现的好用、因以花卉植物造景为主而实现

二、公园规划设计

生态、节约、经济。

6 设计构思立意

6.1 以花卉植物造景为主

依据"以花卉为主题的城市公园"的功能及主题定位,结合"槐荫花园"的公园名称,花卉植物造景自然是最佳体现,设计的重点也责无旁贷地落在四季花卉植物景观的展示上。这形成了选择"花"特征植物的设计构思——花开四季春,园铺千幅画……

6.2 弘扬"花文化"

公园以一种或多种什么样的文化作为自己的内涵至关重要,这是公园的灵魂,没有文化的公园是注定没有魅力的,是不能持久的。为了紧密结合本届园博会"文化传承、科学发展"的主题,确定公园另一立意构思即为弘扬花文化。这形成了选择"文化"特征植物的设计构思。以"花文化"怡情养性。

6.3 花鸟虫鱼,自然和谐

即便是"以花卉为主题的城市公园",亦不能完全地围绕"花卉"做文章。城市的公园,应该是人与自然和谐的缩影。这形成了公园项目内容选择与设计的创意:花厅、鸟虫馆、红鱼池——花香鸟语,蜂拥蝶簇……

6.4 花的归宿

作为自然界的生物,花的归宿是收获。因此,公园中花果林景观的大量营造将成为设计的一大亮点,也体现了当前风景园林中应用果树造景的趋势——花之俏,果之魅……

6.5 "花"结构的形象创意

花为种子植物的繁殖器官。设计中从主入口喷泉水池经花坛至花会广场形成的轴线,结合周围大尺度花色带,巧妙地抽象了花卉的结构:花梗、花托、萼片、子房、花瓣(丝)——拥抱鲜花,拥抱浪漫……

6.6 以人为本

根据人及其活动的需要设置必要的场地、道路、水体以及坐憩设施等,坚持一切为人的需要服务,将各种园林要素错落有致地布局成园区内富有吸引力、感染力的园林空间和景观,充分诠释"以人为本"的理念。

6.7 关于"花"的成语意境

以关于"花"的成语形成公园主要景点的意境氛围。

7 出入口规划设计

公园共设计安排3个出入口,即1个主要出入口,1个次要出入口和1个园务管理专用出入口。其中主要出入口位于段兴西路上，交通便利，同时配套停车场；次要出入口位于公园西北角，附近都是居民区，方便居民就近使用；专用出入口位于经七路上，周围销售市场、批发市场、超市居多，人流较大，不适合做公园游人的出入口，且位置相对偏僻，但又与城市干道相连，适合作为独立的专用生产管理出入口。

8　功能分区

无论以什么作为主题，只要是城市公园，就应该满足城市公园应该具备的功能，即以观光休憩功能为主，兼具生态、美化、防灾等功能，能够为附近的居民和游人提供游览、休息、健身等活动的场所。按照这一原则，设计者缜密考虑设计区域范围现状与周边区位环境，确定公园的功能分区如下。

8.1　主入口区

位于段兴西路上，交通便利。隔路可望及兴济河，景观优良，亦能通过主入口景观的营造丰富城市街景。另外，可利用机动车与自行车停车场地满足公园主入口的车辆集散功能。

8.2　文体娱乐区

靠近公园主入口区，便于开展大型文体娱乐活动和有利于大量人流的集散。

8.3　次入口区

位于人民武装学院对面，主要依据现状周边多为居民区的环境特点而确定该出入口的位置，方便附近居民。

8.4　少儿游戏区

位于公园的北面，靠近次入口，相对安全和私密，且方便周边居民区内的少儿使用。

8.5　安静休息区

位于公园的西南角，安静，适于休息，老人活动区即嵌套在该区内。因同样靠近次入口，也有利于周边居民区内的老人就近使用。

8.6　水景生物区

该区位于公园的近中部，主要为展现"水生花卉"植物（作为花卉主题的公园，不能仅仅是展现陆生花卉），特别是济南市的市花——"荷花"景观而安排，同时体现"花鸟虫鱼"设计立意构思中的"鱼"。水景生物区的设置，既可以丰富公园景观和游览资源，还可以改善公园的生态环境条件，形成公园优良的生态面貌。

8.7　用地保留区

指的是保留的广播电视台用地区。

8.8 生产管理区

该区基于现状并将予以改造保留的大量生产、管理的建筑、场地、设施而设置，好用，经济，可持续。相对偏僻，且与公园主体区域经东西向道路分隔，不妨碍游人游览，又因靠近公园位于经七路上的专用出入口而方便开展相关生产管理活动。同时，与另一处分区，即拟建的销售活动区相临，生产、管理与销售一条龙，高效、便捷。

8.9 销售活动区

即拟建的花卉、盆景、水族、赏石、园林器具销售市场所形成的区域。

9 交通系统

设计三级园路系统，即主路、支路、小路，分别宽3.5m、2.0m、1.5m。其中，主路形成闭合"环状"交通系统，联系主要功能区域，采用透水混凝土材料；支路形成开放"条带"结构，联系各区内主要景点，并辅助完善主路系统功能，采用砂基透水砖材料；小路则分散至各区，采用石子、卵石、木材等材料。加上出入口内外广场、建筑前广场、文体娱乐活动广场、停车场等场地，共同组织成有机、高效、便捷的公园交通系统。

需要提及的是，设计保留现状东西向直线道路，经改造修缮后，将成为公园主体游人使用区与生产、管理、销售区域的自然分隔，经济、高效。

10 竖向设计

为了丰富公园的竖向景观层次和起伏变化，搭建公园的骨架，为其他园林要素创造优良的基础条件，并增加游人的游览情趣，避免平坦无奇，同时考虑公园用地临近城市河流"兴济河"而获得水源的可能性，以及为水生生物提供生命场所，设计于现状较为平坦的用地上实施"挖湖堆山"，整体上实现土方平衡。

山地方面，于属于文体娱乐区范围内的公园东北角设计高为8.56m的山地地形，用于花果林景观的营造和观景塔、秋实亭等建筑的设置；同时于属于安静休息区范围内的公园西南角设计高为7.0m的山地，用于松林景观的营造和晚亭建筑的设置，两处山地地形相互呼应，对公园形成包围的态势，保证公园良好的环境氛围。

坡地方面，于属于安静休息区范围内的公园西南设计高为4.9m的缓坡坡地，用于花坞及缀花草坡景观的营造。

水体方面，于公园近中部设计最深为1.48m的水体，及深为1.18m和0.48m的两处小水面，分别用于荷花、水生花卉植物景观的营造和鱼池的实现。

平地方面，主要是指出入口内外广场、建筑前广场、文体娱乐活动广场、停车场、其他绿地等，但均须满足排水要求。公园整体排水以自然地势及设计竖向形成向北汇集入排水沟后入兴济河的格局。

11 植物景观规划设计

为了体现适地适树的原则，在本设计中，乡土树种的应用也是一大亮点，这也是保证植物景观效果和种植苗木成活率的重要手段，体现地方特色，避免"千园一面"。

为了体现公园的主题，设计选用的植物材料大多具备"花"的特征，如可供观花的乔木、花灌木、藤本、宿根、球根及一二年生花卉，同时考虑从陆生花卉扩展到水生花卉。

为了实现公园弘扬"花文化"的理念和体现"花文化"的构思创意，设计选用了近40种具有深厚文化内涵与底蕴的植物，具体每种或每类植物的文化内涵与底蕴方面的内容详见说明书后附件。

为了保证丰富的植物景观效果，体现多层次的人工植物群落的构建，公园设计选用植物丰富，主要乔灌木种类就有40种，另有各类果木、竹类、陆生花卉、草被、水生花卉、观花藤本等，总计公园植物种类可达上百种，以做到乔、灌、花、草、藤、竹、地被类型丰富，植物配置造景方式和手段全面，充分体现"花卉植物造景"的主题与构思创意，科学、合理地营造出一个暗含四季意境的自然的园林氛围。

而花卉植物造景形成的景观面貌，按花种划分，可根据用地的地形与环境条件状况，精心设计成一定的规模，待花开时，就会形成迷人的风景，如"桃花源"、"木兰区"、"海棠路"等；若按四季划分，则分别栽上适合于四个季节生长的花种，季节一到，那一片区域就鲜花绽放，引人注目，如主入口区以夏秋植物景观为主，次入口区以春冬植物景观为胜，公园中部则以夏季植物景观为核心等。

12 建筑及小品设施

建筑及小品设施方面考虑功能需要与必需，设计安排了1座鸟虫馆、1座花厅、1处观景塔、1组花文化游廊、1处张拉膜、3座景观亭、3处小卖部、2座景观桥、2处观台、1处喷水池、1处藤花墙及多座厕所、大量花鼓凳、座椅和花灯。

而花坛、花台、花池、花器、花钵、甚至水面均为花卉植物配置造景的需要而设计，同时这些小品设施多具备坐憩功能。

建筑及小品设施形式与公园的总体风格统一，现代、时尚、雅致，材料以木、石、金属、玻璃为主，与公园内花卉植物景观及周围环境相协调。

13 主要景点创意

13.1 槐荫广场——"生花之笔"意境

作为公园主入口广场，也作为公园名称"槐荫花园"的点题景点，以现代风景园林设计手法营造林下广场景观。"林"，即刺槐林；林下，配置花池、喷泉水池。为了强化公园"花卉"主题和渲染公园主入口的氛围，还设计了藤花墙、移动花钵景观。

13.2 花果林——"开花结果"意境

体现"花的归宿"创意。这里是花的延续，这里是花的归宿，这里是收获的喜悦。以花果木、秋季色叶植物景观为主，配置石榴、国槐、五角枫、栾树、柿树、板栗、核桃、梨树、山楂、南天竹、金银木等，秋天，一片层林尽染。同时，结合该区域地形设计点景建筑——"秋实亭"和观景塔，可于此观瞻公园全貌。

13.3 鸟虫馆——"眼花缭乱"意境

体现"花鸟虫鱼，自然和谐"的创意。于馆内展示鸟类、蝴蝶、蜜蜂等标本，甚至于建筑庭院内设计建设鸟园、蝴蝶园、蜜蜂园等，让鸟虫相对自由地飞翔，自然和谐，丰富文体娱乐区的景观与活动内容，扩大公园游人容量。

13.4 花会广场——"心花怒放"意境

"花"结构的形象创意中的"子房"部位，也是文体娱乐区的主广场和整个公园体现"花文化"的核心景点，期望形成"以花集会"的热烈氛围。设计花文化游廊，以描写花的诗词、对联、名言、画作、成语、书法、摄影作品等共同组成，同时作为花会广场的背景建筑。广场以花岗岩材料铺设抽象花朵图案成为铺装地面，可用于开展多种以"花"及"花文化"为主题和题材的文化艺术节目，包括音乐、歌唱、舞蹈、朗诵、戏剧、庆典、书画等等。同时，可结合火爆的节日，如"情人节"、"七夕赏花情人节"等开展活动。并于广场设计花台，丰富广场景观和渲染广场氛围；设计花鼓凳供游人坐憩。

可创办特色"花仙子"歌舞晚会，吸引诱惑大批都市人前来观看。

花会广场也可以包括联系主入口广场的引导广场，引导广场以花坛景观为主，装饰花灯。

13.5 花厅——"天花乱坠"意境

作为花卉的展示建筑来设计建设。可于花厅内展示"众花之最"、各种花传说故事、花产品（花酒、花露、花蜜等）、花疗法和开展各类花展（插花展、多元立体花展等），通过相关的文字介绍、书画名作介绍、名诗介绍、散文中的名句介绍、音乐作品介绍甚至现代视屏介绍，让游人在花厅中赏花的同时，获得丰富的花文化知识的学养，无形中受到花文化的熏染。

13.6 红鱼池——"镜花水月"意境

为"花鸟虫鱼，自然和谐"创意的"鱼"部分，也是水景生物区的一部分，于观鱼台上观赏水中的红鱼，体味鱼儿的悠闲自得，自然和谐，增加公园游览内容和游人游兴。同时，该景点临近少儿游戏区，与花艺场相接，可同时作为少儿感受生物的游戏内容。

13.7 花艺场——"百花齐放"意境

为少儿游戏区的景点，亦是少儿游戏的活动内容。以花卉园艺活动为主，通过亲身体验与操作感受花卉园艺活动，培养热爱花卉、热爱大自然的情感。

13.8 花迷宫——"五花八门"意境

同样在少儿游戏区的较平地段，精心设计一个鲜花围成的迷宫，让少儿在花丛中寻找自己的出路，别出心裁、引人入胜，同时也是一个独一无二的美丽迷宫。

13.9 金色沙滩

为荷池畔的沙滩型驳岸，亦是少儿游戏区的主要活动内容之一。沙滩上散置舟形花器，用于栽植时令花卉，既体现公园主题，又丰富公园景观和少儿游戏内容。通过花卉的色彩激起少儿游戏的兴趣。

13.10 花卉隧道

以花树、藤花植物、花卉相组合的方式建成，作为一种特殊的环境造型，置于少儿游戏区的入口处。走在这样的隧道中，仿佛进入了另类时空——世外桃源、人间仙境般的另类时空。

13.11 "树巢"或"鸟巢"

于少儿游戏区角落树林中，精心制作一组可供进入的"树巢"或"鸟巢"，丰富少儿活动内容，强化体验的滋味，与大自然亲密接触，使得少儿们对大自然充满向往。

13.12 花溪桥——"落花流水"意境

设计建于公园北部水体狭窄处，因处于花境、花丛景观周围，且属水体溪流部位而取名"花溪桥"，是一石质拱桥。

13.13 水生花卉池——"花容月貌"意境

"花卉"主题体现中的"水生花卉"景观，通过选择适生的水生花卉植物配置水生花卉植物群落，营造小型湿地景观。

13.14 晚亭——"花朝月夕"意境

位于公园西南角，设计建于安静休息区，主要为老年人使用，周围选择配置松柏类、梅、菊等植物，迎合老年人兴趣，形成特色景观。

13.15 花坞——"花前月下"意境

于公园西南、主路两侧、地形周围高中间低的地段设计花坞景观，以百合科宿根花卉百合、风信子、郁金香、石蒜等为主，模建野生花坞景观，增加公园的野趣。

13.16 缀花坡——"花团锦簇"意境

于花坞景观东面，设计缓坡地形，栽种如红花酢浆草类地被，形成自然的缀花草坡景观，同样模拟大自然野生的草甸景观形象，亦可作为游人野餐的地点，周边是一片野花相伴，其情其趣，难有第二。

13.17 花间桥——"闭月羞花"意境

位于水生花卉池边，因周围遍植花灌木和水生花卉而命此名，是一红色木质平桥。

13.18 香远亭——"花红柳绿"意境

于荷池畔，取"香远益清"的意境取名"香远亭"，是一朝向俱佳的八角亭。

13.19 观荷台

为观赏荷花景观而专门设计的木质平台，同时具备亲水的特性和次入口人流集散功能。观荷台上设计张拉膜亭，如白云一片飘于平台上，为游人创造优良的观荷条件。

13.20 荷池——"花好月圆"意境

栽种荷花的大面积水面。荷花为济南的市花，理应于槐荫区的公园中重点展示，同时荷花也是文化内涵与底蕴深厚的水生花卉植物，特建荷池是体现公园主题的必须。

13.21 桃花源——"鸟语花香"意境

位于公园的西北角，通过次入口附近这一桃花林景观的营造，形成鲜明的春季花卉植物景观意象，吸引居民及游人入园游赏。同时也暗示公园的和谐人居氛围。

13.22 观赏温室

位于花厅的南面，公园东西向道路的北面，栽种不适合济南露地生长的花卉植物，以供游人观赏。

13.23 盆景园——"移花接木"意境

于公园生产管理区特设，以"园中园"的形象和定位出现，既可供游人观赏，又方便临近销售区对于盆景的售卖。

13.24 七彩圃——"如花似锦"意境

为公园生产用地，拟栽种成"七彩"形象，亦可考虑为游人开放，形成特色生产园艺观光景点。具体设计案例图见图1～图11。

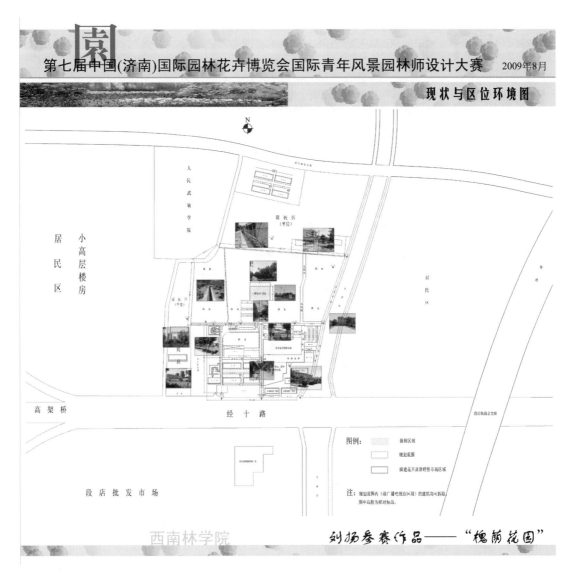

图1　现状与区位环境图

第七届中国(济南)国际园林花卉博览会国际青年风景园林师设计大赛　2009年8月

总平面图

广播电视台用地

居民区

N

135 10 20 30 50 100

主要植物花名册

① 槐荫广场	⑪ 花坛	㉑ 淡竹林	㉛ 金色沙滩
② 花池	⑫ 花厅	㉒ 水生花卉池	㉜ 舟形花圃
③ 睡莲塘	⑬ 花色带	㉓ 黑松林	㉝ 花卉隧道
④ 枕实亭	⑭ 红鱼池	㉔ 花色块	㉞ 花篮
⑤ 观景塔	⑮ 观鱼台	㉕ 晚亭	㉟ 观荷台
⑥ 鸟虫馆	⑯ 花艺宫	㉖ 花屿	㊱ 荷池
⑦ 风景林	⑰ 樱花宫	㉗ 松林	㊲ 桃花溪
⑧ 花文化游廊	⑱ 花球桥	㉘ 樱花堤	㊳ 观赏温室
⑨ 花会广场	⑲ 花瑰	㉙ 花间桥	㊴ 盆景园
⑩ 花会广场	⑳ 水杉林	㉚ 香远亭	㊵ 七彩园

花卉盆景销售市场

硬划道路

济南轴承厂宿舍

济海轴承厂宿舍

西南林学院

刘扬参赛作品——"槐荫花园"

图2　总平面图

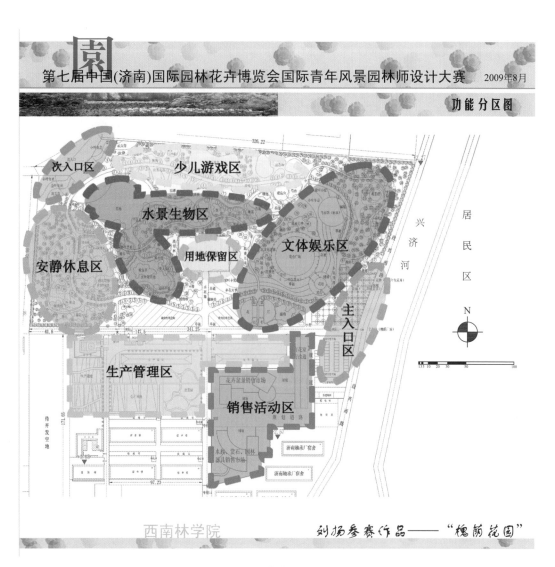

图3　功能分区图

103

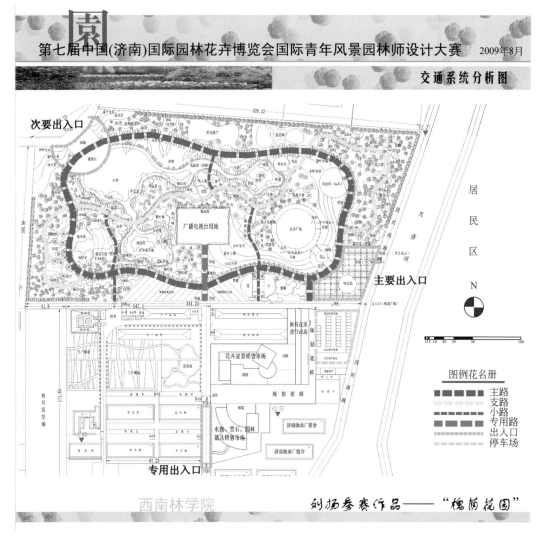

下篇　风景园林设计案例

图4　交通系统分析图

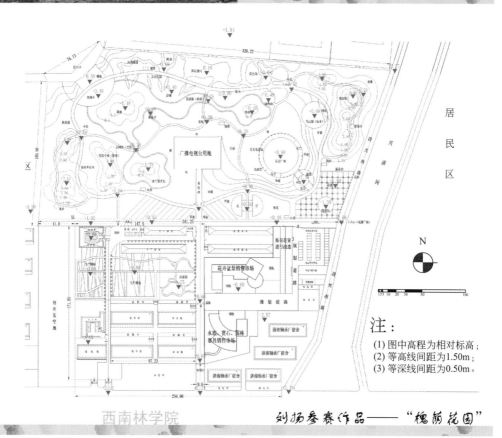

注：
(1) 图中高程为相对标高；
(2) 等高线间距为1.50m；
(3) 等深线间距为0.50m。

西南林学院　　　　刘扬参赛作品——"槐荫花园"

图5　竖向设计图

二、公园规划设计

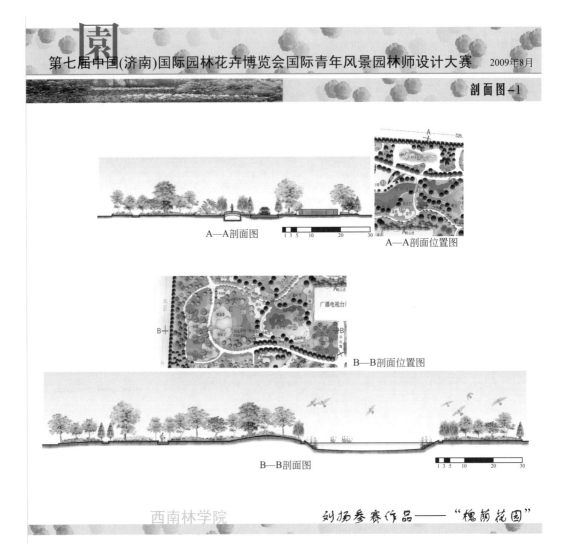

A—A剖面图

A—A剖面位置图

广播电视台

B—B剖面位置图

B—B剖面图

西南林学院

刘扬参赛作品——"槐荫花园"

图6　剖面图-1

下篇　风景园林设计案例

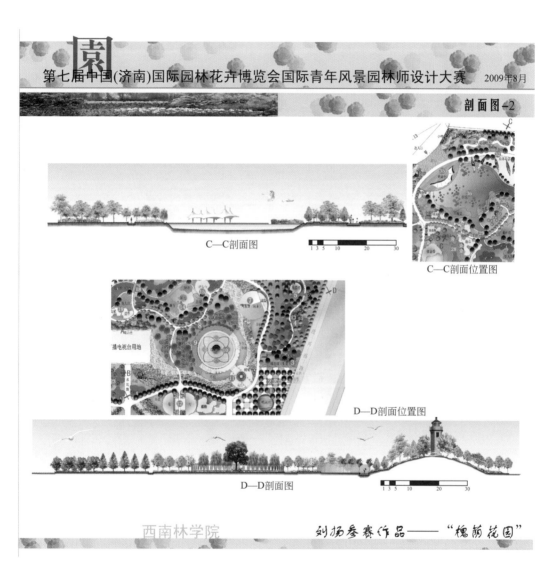

C—C剖面图

C—C剖面位置图

播电视台用地

D—D剖面位置图

D—D剖面图

西南林学院

刘扬参赛作品——"槐荫花园"

图7　剖面图-2

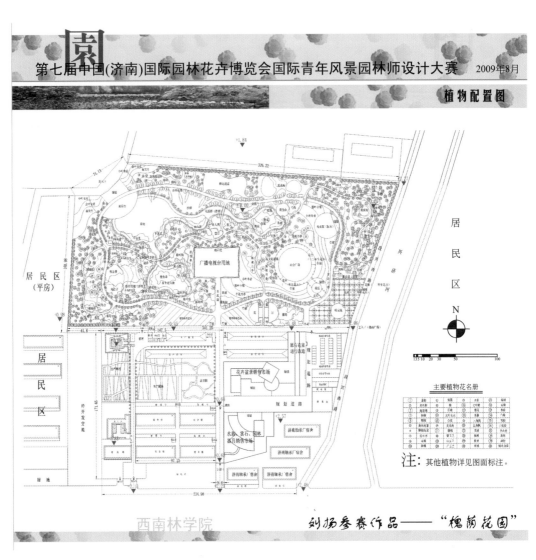

图8 植物配置图

图9 局部鸟瞰效果图（一）

第七届中国(济南)国际园林花卉博览会国际青年风景园林师设计大赛 2009年8月

局部鸟瞰效果图(二)

透视位置

透视位置

西南林学院

刘扬参赛作品——"槐荫花园"

图10　局部鸟瞰效果图（二）

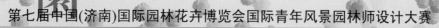

图 11 全景鸟瞰效果图

居住小区公园规划设计

以云南省玉溪市润玉园居住小区公园概念方案设计为例介绍（图1～图7）。

1 方案（一）：润园

规划红线外城建公共绿化用地概念设计方案——"润园"

"润玉园"——"润园"

主要设计理念 "择居佳处滋润生活"
游娱型公园

LEGEND

1 润池
2 景观亭
3 小桥
4 水岸广场
5 栈道码头
6 加油站位置
7 植物景观
8 小广场
9 植物景观
10 条凳组景
11 入口广场
12 背景绿化
13 篮球活动场
14 植物浮岛
15 小路
16 漫步道
17 构架小品
18 垂直绿化
19 盈翠林
20 水中树阵
21 景观条石墙
22 节点广场
23 健身器材场
24 林荫小路
25 流彩湾
26 出入口
27 拉膜亭
28 会所前绿地

图1 总平面图（第二版）

总体鸟瞰图

图2　鸟瞰图（第二版）

2　方案（二）：玉园

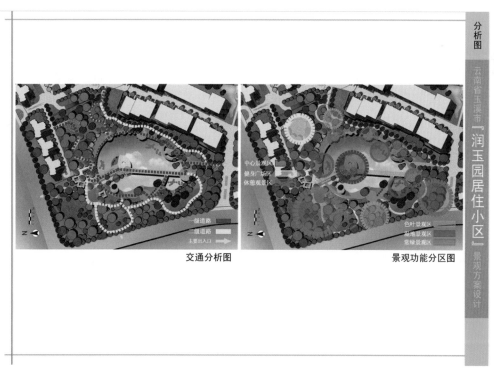

中心景观区
健身广场区
休憩观景区

一级道路
二级道路
主要出入口

色叶景观区
绿地景观区
常绿景观区

交通分析图　　　　　　　　景观功能分区图

图3　分析图

四季植物景观设计

"春之吟动"：在万物复苏的春季，柳树发芽了，桃树开花了，老人们出来活动筋骨了，连最淘气的孩子们也像挣脱束缚的小鸟一样自由地飞翔在大地之间。而这一切的自然景象就在家门口的环境营造下呈现在我们面前，孩子们正在可践踏的大草坪上玩的不亦乐乎，老人们坐在健身广场树池边享受着阳光的沐浴，旁边的湖水静静地流着，忙碌的人们回家经过此处呼喊着儿女回家吃饭，"风声、水声、欢笑声"混合在一起，洋溢着一派天伦之乐的温馨。大草坪、树池、湖水的声音，还有那樱花、垂丝海棠、碧桃等春季开花植物也争先恐后地竞赛而来，这些景观元素融合在一起体现了春季的生机勃勃，奏响了新年的新气象，让每个人都可以放轻脚步倾听自然的声音，感受自然的气息。

"夏之凉荫"：在炎热的夏季，人们要有一丝丝的凉风，一处处的凉荫。在早晨或是傍晚时分，按捺不住的人们喜欢涌向室外空间，呼吸着自然的空气，哪怕几分钟也是新鲜的，人们尽情地在被爬藤植物围罩下的廊架下谈笑风生，感受着夏季带来的热情活力和蒸蒸日上的和谐气氛，而紫薇、木谨、八仙花、荷花等夏季开花植物也为人们增添了许多感官色彩的几分激情。

"秋之福韵"：秋高气爽的时节，各种色叶树相继呈现，又是一副美轮美奂的画卷。黄色叶的银杏、鹅掌楸及红色叶的枫香等，适当搭配秋季开花的木芙蓉、月季以及地被韭兰、麦冬等植物造景，把秋季装扮的五颜六色，纷繁美丽，别样雅致。人们可以欣赏着秋季的色叶植物，品味着收获的滋味，将又是一番秋之韵味。

"冬之浓情"：冬季对植物而言是新陈代谢的关键时节，落叶树将落下最后一片树叶，留下其婀娜多姿的树干，人们将透过树干接受更多的阳光沐浴。可以将岁寒三友等景观元素汇合，给冬季增添一些色彩，一丝流动，一缕阳光。再和搭配的常绿植物如桂花、山茶、红花檵木等相互映衬，增添了视觉色彩，打破了冬季的沉睡，为冬日带来了一丝丝的浓情。

图4　四季植物景观设计说明

主要景点设计

出入口广场：位于场地的东北区域。在此主要考虑交通的需要，车流的来往，因此，不进行过多繁琐、复杂的修饰，只是用简洁、明确的半圆形铺装图案展示出来。

景观廊架：在现代的园林景观中，廊架往往是能体现出大气、时尚的元素，在方案中，协调周围环境，廊架采用现代的金属材料，辅以藤蔓植物，生硬的金属与绿色的植物结合，别有一番风味，尤其是在夏季和午后，它带给人们不一样的清爽。

健身广场：随着人们生活水平的提高，生活质量越来越受到人们的重视，因此，小区的健身场地成为了不可或缺的部分，特别是对于那些老年人，该活动场地采用醒目的铺装，周围结合树池设施、自然式的植物围合，让人们在健身的同时得到休息和放松。

阳光草坪：生活节奏的变快，人们的生活压力也越来越大，一个供我们休憩、观赏、放松自己的自然环境也越来越重要，通过周围的植物隔离，在这个可践踏的草坪上人们可以尽情地享受阳光，享受草地，享受自然的气息。

中心玉湖：水是人们生活中不可缺少的部分，观赏性的水景也成为了我们景观中必不可少的一部分。在中心部位设计开敞的湖面，周围配合亲水木栈台、滨水广场、湖畔散步道，供我们在赏景的同时满足亲水的需要。并在水中结合布置光影浮桥、水上广场，光与影的交相辉映，与浮桥一同摇曳在阳光下，此时，人们的心灵得到沉淀，精神得到满足。水中也种植睡莲、慈姑的水生植物，给平静湛蓝水面增添一份色彩，一份温馨与平和。

景观构架盒：采用简洁的线条、新颖的金属材料，与总体简洁的风格相一致，构成一个可供儿童玩耍嬉戏的设施，满足儿童好奇、调皮的心理，带给他们极大的乐趣。

入口水景：位于南边的次入口处，这是主要的步行入口，考虑到人们赏景的需要布置水景，其采用现代式的水池构造，并在里面设计形式多样的水幕景墙，给进来的人们柔和、宁静的气氛。

图5　主要景点设计说明

规划红线外城建公共绿化用地概念设计方案——『玉园』

景点设施名录

① 小区出入口　⑨ 湖心平岛
② 地下车库入口　⑩ 喷水柱
③ 植物景观　⑪ 玉湖
④ 景观构架盒　⑫ 环湖木栈
⑤ 篮球场　⑬ 中心广场
⑥ 水生植物　⑭ 散步道
⑦ 光影长堤　⑮ 慢跑道
⑧ 亲水观景平台　⑯ 小区出入口

主要设计理念

"润玉园"——"玉园"
"玉坠"形象——平面构图中心
"玉润苍生 景秀人家"
以植物造景为主
观赏型公园

图6　总平面图（第二版）

总体鸟瞰图

图7　鸟瞰图（第二版）

墓园规划设计

以四川省达州市九龙园公墓环境景观规划设计为例介绍（图1～图22）。

1 达州市背景概况

1.1 总体概况

达州，古称通州，简称"达"，位于四川省东部，地处川渝鄂陕四省市结合部和长江上游成渝经济带，经济非常活跃，流动人口多、人气特别高，是四川对外开放的"东大门"和四川重点建设的八个百万人口区域中心城市。辖5县1市1区，幅员1.66万平方公里，人口680万，是四川省的人口大市、农业大市、资源富市、工业重镇、交通枢纽和全国闻名的革命老区，素有"中国气都、巴人故里"之称。经济总量位于全省第五位，属于四川五大区域中心城市之一，达州是川东北的政治、经济、文化、通讯、商贸、物流中心，也是西南第三大铁路枢纽站。达州是四川省环保模范城市、四川省园林城市、四川省森林城市、四川省环境优美示范城市。

1.2 历史文化

达州历史悠久，人文厚重。自东汉建县至今已有1900多年的历史，历为州、郡、府、县所在地。距今约4000年的全国重点文物保护单位宣汉罗家坝巴人文化遗址，堪称我国古代文化瑰宝。渠县汉阙存量占全国的四分之一，是全国最大的汉阙群。达州是川陕革命根据地的重要组成部分，徐向前、李先念、许世友等老一辈无产阶级革命家曾在这里浴血奋战，当年13万巴渠儿女参加红军，2万多人英勇捐躯，孕育了王维舟、张爱萍、魏传统等50多位共和国将帅。

1.3 区位交通

达州区位优越，交通便捷，商贸活跃。地处川渝鄂陕四省市结合部和长江上游成渝经济带，不仅是四川通江达海的东通道和川渝鄂陕结合部的交通枢纽，还是国家建设打造的国家级次级综合交通枢纽城市。达州是全国179个公路运输主枢纽之一和全省12个区域性次级枢纽城市之一，国道210、318线纵横全境。达渝高速公路直达重庆，四川省东北方向的重要出川通道达陕高速（达州—陕西）公路从成都经达州到西安。达州火车站是西南第三大火车站，铁路网线十分发达。现有达成一线、二线，襄渝一线、二线，达万铁路，在建达巴铁路。达州机场可直飞成都、北京、广州、深圳、上海等地，渠江航运直通长江，境内水陆空立体交通体系完备，共有通航河流9条，基本形成以渠江、州河、巴河这三主干流的水路运输网络，流域覆盖全市四个县（市）。是四川通江达海的东通道，是中国西部重要的物流枢纽城市。

1.4 环境资源

达州物产丰饶，资源富集，是全国、全省的苎麻、商品粮、油料、生猪、肉牛、中药材、

注：该设计获得2013美丽奖·世界景观规划设计大奖赛专业组铜奖。

茶叶生产基地，享有中国苎麻之乡、中国黄花之乡、中国油橄榄之都、中国富硒茶之都、中国香椿第一县的美称。境内已探明可开发利用矿产资源28种，天然气资源量3.8万亿立方米，探明储量6600亿立方米，是国家"川气东送"工程的起点；煤炭储量7.3亿吨。达州自然景色绚丽多姿，森林覆盖率达到39.9%，拥有国家级风景名胜区、地质公园、森林公园10余处。

1.5 旅游资源

达州旅游资源的区位优势明显，是秦巴旅游区域的合作中心。达州市是川、陕、渝、鄂交界区域交通辐射的核心，是四川省第2大交通枢纽，是四川省重点发展的12大旅游片区之一，"秦巴山水人文旅游区"和九大旅游走廊之——"秦巴山水民俗画廊"的重要组成部分。达州市东接长江上游的万州，西连世界遗产地九寨沟、黄龙，南邻邓小平故居广安，北至三国故道汉中和秦巴腹地安康，是巴蜀、巴渝、巴楚及秦巴多元文化交融的走廊，具有承接东西、沟通南北、连接西北与西南的旅游区位优势，是未来川、陕、渝、鄂无障碍构建合作旅游区域的关键所在。

此外，达州旅游资源的类型多样化。达州市是秦巴文化中心。其被评为巴人文化发祥地有史可证。宣汉罗家坝巴人文化遗址的发现与广汉三星堆、成都金沙遗址同样，再次改写了长江上游人类文明史。此外，雄浑伟岸的大巴山孕育了秀美的巴山风光、不朽的红军精神、独特的古镇风韵、气势磅礴的普光气田，自然生态、人文历史旅游资源的有机融合，赋予了达州旅游鲜明的个性特征和较高的知名度。

2 基址条件分析

2.1 地理形势分析

九龙园公墓，位于中国四川省达州市复兴镇九龙村，背靠祖山，面对玄武山，左边为青龙山，右边为白虎山，中央为天然鱼塘形成的凹地，水源丰沛，正所谓"朱雀玉带水"。前有朱雀山（案山），形成背有靠山、左青龙、右白虎、前朱雀、后玄武的福地，状若一把太师之椅。中央福地穴位清晰，明堂显亮，远朝近案，左右护山呈围合之势，有聚气藏宝之妙，是为理想福地之选。基地自然内聚，得天地之灵，植被繁茂，苍翠秀丽，合《葬经》中"土高水深，茂草密林，化入自然得聚藏之效为佳"的墓址选址理论，正所谓：九龙通天灵异宝地　瑞示呈祥　泽润八方。

2.2 土壤与自然植被条件分析

土壤：孔子说："为人下者，其优土乎！种之则五谷生焉，掘之则甘泉出焉，草木植焉，禽兽育焉，生人立焉，死人入焉"，这是中国"入土为安"的丧葬观的哲学诠释。因此，古人选择福地必对土壤的质地、色泽、含水情况等加以检测，以土层深厚者为宜。九龙园公墓基地土壤条件优良，土质纯正，土层深厚，在进行大规模台地整理后，表层土壤可回填墓位，乃理想的吉壤。

植被："陵寝以风水为秀，荫护以树木为先"。树木繁茂与否与风水好坏分不开，"草木郁茂，生气相随；草木不茂，生气不来也"，"童山不可葬也"等论述亦充分说明福地中植被的重要性。九龙园公墓基地内林木苍翠，水源丰沛，可谓山、水、林相得益彰，乃理想之佳境。

3　环境景观规划设计

墓园是一种文化，是一个民族传统文化的形象表征。中国的殡葬文化深受传统习俗的影响，尤其是厚葬观在古代中国较为盛行，究其原因，一是在于灵魂不灭观念和祖先崇拜；二是在于儒家历来提倡孝道，把养生送死等量齐观，甚至视送死的程度超过养生。于是，厚葬、隆祭、久祀，便成为传统躬行孝道的最佳方式。随着社会的进步与繁荣，国家的殡葬革新政策与民众的祭奠观念也都发生了巨大的变化，"公墓花园化"、"形式节俭化"、"礼仪高雅化"已成为时代的必然。九龙园公墓的定位亦将是融艺术化、现代化、休闲化为一体，多元化管理、中华龙文化与当地习俗相结合的现代艺术墓园。

3.1　规划设计理念

根据九龙园所处达州市的地理位置，结合中华龙文化的设计构思及现代艺术墓园的定位，环境景观规划设计以营造"三园"为理念，即营造"艺术墓园、文化墓园、生态墓园"：以园区中部高档墓区——草坪为中心，以中国传统龙文化为主旋律，结合园区的牌坊、雕塑、广场、建筑、小品、绿化、铺装等景观性、服务性设施内容，将九龙园公墓建设成为艺术氛围浓厚、龙文化彰显、生态良好、环境优美的生态园林化公墓，以使人们居于其中能少一分悲伤，多一分宽慰，将对死者的哀思与祭奠转化为对生命的珍重与召唤。

3.2　规划设计指导思想

（1）崇尚自然，因地制宜

规划设计充分考虑自然环境、地形，尽量减少对现有山势、地形的破坏，因地制宜，营造山水、园林、景观、文化完美结合的生态空间，以保证良好的绿色生态环境，提升园区的品位价值。

（2）体现墓园与园林的有机结合

规划设计在表达墓园庄重、肃穆、简洁、素雅的纪念性气氛的同时，通过草坪、树木、花卉、广场、亭台、小径、水池等园林要素和手法，表达园林之美，体现墓园与园林的高度结合，在为祭奠亲人的人们创造优良的园林场所的基础上提高墓园的品位。

（3）满足不同阶层和民族宗教信仰和当地风俗习惯的需求

规划设计考虑人们的多方面需求，尽量提供多种选择、多种规格和标准，同时考虑达州当地民族宗教信仰的特点和风俗习惯，力求规划设计出满足不同年龄、不同文化水平、不同民族习惯的功能区域。

（4）突出表现中华龙文化内涵

规划设计在保护绿色生态环境的同时，准确把握中国传统的龙文化，重视将中华龙文化与绿色生态建设有机融合，从而使墓园充满绿色生态的气息和深厚的龙文化氛围，将龙文化元素体现在园区的景观空间形态之上。

（5）科学规划设计，分期开发建设

针对达州九龙园公墓自身的情况，做到科学规划设计，并使墓园的开发建设处于一个合理的周期之内，分期分批进行投资建设，以保证收益。

3.3　规划设计依据

（1）《中华人民共和国城乡规划法》

（2）《城市规划编制办法实施细则》

（3）《中华人民共和国环境保护法》

（4）《中华人民共和国水污染防治法》

（5）《中华人民共和国森林保护法》

（6）《中华人民共和国殡葬管理条例》

（7）《公墓管理暂行办法》

（8）《城市绿地设计规范》

3.4 规划设计原则

① 生态保护的原则　规划设计确定不对主山体进行大面积、大规模改造，将墓园墓位与景观融于自然之中，除综合艺术景观服务区外，墓区只建设必要的焚烧炉、台等设施和园区小路，这样既能最大限度地保持九龙园公墓的自然面貌，还可以从风水上避免对地脉（龙脉）的过分破坏。

② 因地制宜的原则　整个墓园环境景观的规划设计本着因地制宜的原则，尽量在现有地形地貌的基础上进行改造。在现有鱼塘内进行适当的放生池水体景观的营造；道路的布置则采用平行等高线的方式进行布置，以便最大限度地保护原有地形地貌和场地属性。

③ 文化性原则　墓园环境景观规划设计以自然景观为载体，来寄托生者对已故先人的缅怀和敬仰。同时，环境景观的营造以中华传统龙文化为基础和特征，通过具有龙文化内涵的建筑小品、景观绿化和自然环境来达到继承和发扬中国传统殡葬文化和"龙文化"的目的。

④ 经济性原则　环境景观做到分期建设，滚动开发，以较少的投入获得较大的经济效益。

3.5 规划设计布局

总体环境景观规划设计以基址所在九龙村的"九龙"名字意象及"太师椅"状地理形势为创意源泉进行总体景观环境营造和布局安排，并可归纳为以下布局结构，即："一轴二环二区九点"，其中"一轴"为从前广场牌坊始，至轮回广场九龙洗太子终的景观轴线，即神道；"二环"为进场公路与园区一级路围合而成的"一环"与环绕草坪的园区二级路形成的"二环"；"二区"为以近似东西方向横向道路自然分隔而成的墓区与综合艺术景观服务区；"九点"主要是特征性景观节点，包括：进场公路上山门牌坊、息龙台、前广场牌坊、金水桥（放生池）、九龙碑（九龙广场）、12生肖走廊、九龙洗太子（轮回广场）、宝瓶供、飞龙台。

其中的综合艺术景观服务区又可细分为八区，包括前广场区、放生池水景、九龙广场区、12生肖草坪区、轮回广场区、景观亭休闲区、办公区、殡葬服务区；其中的墓区又可细分为9个小区，拟以龙的九子的名字进行命名。

3.6 规划设计主要内容

（1）一轴——神道、主景观轴线

近南北向为神道的主方向，贯穿前广场及牌坊、金水桥及放生池、九龙碑及九龙广场、12生肖及草坪、九龙洗太子及轮回广场系列景点。

① 前广场及牌坊　前广场与进场公路在交通上顺畅相接，作为九龙园区的前导广场，

以香樟形成的树阵景观及广场铺装景观为主，并同时满足停车功能，实现上层遮阳、下层停车与人流交通集散的综合功能。广场内铺装采用青石板，坚固、耐磨、上档次。广场上的牌坊作为神道主轴的起始景点，起到强调、点景、框景的作用，为四柱三间的石牌坊，宽约13m，高约9m，造型为简洁的风格，内部为钢筋混凝土结构，外挂浅浮雕青石饰面，上饰以龙凤文化要素为主题材的雕刻、绘画、匾额、对联、书法等内容，牌坊上为名人题书的"龙凤牌坊"，左右两边的影壁上亦为龙、凤团花浅浮雕图案。通过综合龙凤文化形象，简洁、宏伟、大气、朴素、庄严，给人以视觉上的震撼，具有较高的艺术魅力和审美价值。

② 金水桥及放生池　金水桥为人们经过前广场牌坊之后的主要步行通道，为一三孔拱桥，建在相对狭窄的水面上，起到分隔水面的作用，增加景观层次，其高度恰好形成经前广场牌坊平视的障景效果，起到过渡、连接、形成景观序列的作用。以石材制作，雕以龙饰与图案，在满足功能的同时形成优良的景观效果。金水桥如长虹一般横卧于放生池之上，桥头设计山石，题名"放生池"，放生池中植水生植物，以扩大水景层次，丰富水面景观效果。

③ 九龙碑及九龙广场　以广场景观为主，中央为赑屃驮碑雕塑，碑上刻写九龙园碑记及园区平面图，为神道之上重要的组成景点。九龙广场为园名广场，因位于综合艺术景观服务区中央要位，且临近主要办公与殡葬服务区，主要起到分散人流及交通组织的功用。广场内铺装综合采用多种材料，并铺成九龙图案，在满足功能的前提下彰显龙文化景观。

④ 12生肖及草坪　古代陵墓中瑞兽成对布置在神道两侧，有吉祥、守卫之意。本设计在5m宽的神道两侧，双向对置12生肖雕塑小品，采用整块石料雕刻成型，高1.8～2.0m，12生肖形态现代、栩栩如生，质感清晰，以现代抽象派风格的美感展现，并将其置于神道两侧草坪之中，在绿色灌木植物的陪衬下共同形成12生肖走廊景观，加强神道景观效果与墓园气氛。人们甚至可与自己的属相拍照留念，起到迎客恭候、景观视廊、提高档次和渲染氛围的作用。

⑤ 九龙洗太子及轮回广场　该景点以"九龙洗太子"雕塑为核心，是神道主景观轴线的高潮，以神话传说故事为设计源泉，采用圆雕形式呈现，置于轮回广场之上，体现"九龙"及"生命轮回"的深刻文化内涵。广场内铺装材料以广场砖为主，并铺成水波图案，迎合龙喜水的神性，在满足功能的前提下彰显龙文化景观。

（2）二环——"一环路"与"二环路"

"一环路"由进场公路（5m）与园区一级路（4m）围合而成，可满足通行电瓶车的要求；"二环路"为环绕草坪的园区二级路（3m），可有效联系墓区与综合艺术景观服务区。

（3）二区——综合艺术景观服务区、墓区

① 综合艺术景观服务区　由前广场及牌坊、金水桥及放生池、九龙碑及九龙广场、12生肖及草坪、九龙洗太子及轮回广场、景观亭、综合办公服务大楼、尸检中心、殡仪馆、焚烧间、公厕组成。

前广场及牌坊、金水桥及放生池、九龙碑及九龙广场、12生肖及草坪、九龙洗太子及轮回广场见前述标题（1）一轴的相关介绍。

景观亭：在综合艺术景观服务区的西面，园区神道九龙广场西侧，既方便管理又方面使用，设计一个八角的传统景观亭，并以此为中心形成一处休息停留的小环境，附以精致的园林环境，人们可以在此眺览该区的景色，同时起到点缀景观的作用。

综合办公服务楼：拟为四层，包含接待、洽谈、办公、值班室、会议室、餐厅、住宿等功能，为园区的标志性建筑，且起到遮挡现场不雅建筑的作用，气派而不失优雅。

尸检中心与殡仪馆：为现状保留建筑，必要时可进行内外装修与改善。

焚烧间：位于运尸道沿线，便于焚烧死者遗物、花圈、纸钱等物件，且相对比较隐蔽，对景观环境不会造成影响和破坏。焚烧间的设计以简洁、实用为基本原则，采用外围设置焚烧池，中间为集散庭院的形式，充分满足功能要求，同时兼顾景观效果。

公厕：重点满足园区人流的使用，功能第一，但同时注重景观效果。

② 墓区　按照顺时针方向可排列细分为9个小区，依据地形及环境景观条件分别对应不同的档次级别。9个小区拟以龙的九子的名字进行命名，小区内再进行细致的墓位排放和横纵方位的标识。

（4）九点——九个主要节点景观

进场公路上山门牌坊：拟结合公路两侧陡峭地势，将牌坊设计安放在公路两侧陡峭山石之上，形成牌楼的景观效果，其上书写"九龙园公墓"园名，采用琉璃屋檐、雕梁彩绘的方式渲染富丽堂皇的形象气势，起到标识场所、形象宣传、入口引导、风水优化的重要作用。

息龙台：为进场公路边上一处平坦的陆地，设计成一处停留、观景平台，取祥云的图案作为整个平台的造型，结合绿化景观，为人们提供一处停留小憩、俯瞰观景的场所。平台取名"息龙台"，为平息龙怒之意，旨在优化风水。

宝瓶供：为一道路交叉节点广场，整体处于大草坪环境包围，位于相对地势较高的广场中央，在满足交通集散功能的基础上，因位于相对较高的地势，亦充当观景广场的作用。广场上设计安放宝瓶圆雕，采用青石料雕刻而成，其上雕刻龙形纹饰，整体置于浅水池当中，暗含"玉瓶圣水"之意。

飞龙台：为一级环路边上一处平坦的陆地，设计成一处停留、观景平台，亦取祥云的图案作为整个平台的造型，与息龙台遥相呼应，结合绿化景观，为人们提供一处停留小憩、俯瞰观景的场所。平台取名"飞龙台"，体现神龙善飞的神性。

前广场牌坊、金水桥（放生池）、九龙碑（九龙广场）、12生肖走廊及草坪、九龙洗太子（轮回广场）等介绍详见标题（1）一轴的有关内容。

4　专项内容规划设计

4.1　交通系统规划设计

园路既是连接园内各墓区、景点的纽带，也是引导人们观赏景观的导游线，同时自身也自成景观。因此，园路系统设计根据墓园的规模、各分区的项目内容和管理需要来确定园路的分类分级、台阶蹬道和铺装场地的位置和特色要求。

① 主园路（一环路）　设计宽度4m，具有交通、集散、消防、引导游览等作用，设计平行等高线，主要为通达、联系各园区之间的一级道路，做到特征明显、便捷通畅。

② 次园路　设计宽度3m，在充分考虑园区容量、内容项目的基础上，依照地形地貌及景观需要形成，为环绕大草坪的全园二级道路，是园区内部祭拜、休息、游览、观光的主要步行通道。

③ 神道　神道宽5m，采用黄色铺装以示区别，同时显示尊贵。

④ 墓区小道　墓区之间及高差变化的台地之间设置1.2～1.5m的生态小步道进行过渡，便于祭拜时人流疏散与通达各个园区。

⑤ 墓位前步道　每排墓位前设置宽0.6～0.9m的步道，便于祭拜。

⑥ 前广场兼停车场　不设置专门的停车场，仅在前广场遮阳的香樟林下考虑车辆的停放，以保持园区的环境与景观效果。

⑦ 墓区小型交通性节点广场　在墓区内小道端点处设计适当的小型交通性节点广场，约99m²，便于交通组织、休息停留，同时也起到点缀景观的作用。

道路系统的铺装材料根据园区内道路的不同特点、所在区域的环境状况和功能要求，综合使用各种铺装材料，包括现代优良的彩色砼、透水砼、透水砖等，选择不同的质感、形式、尺度组成各具特色的铺装路面，并综合体现龙文化的内涵，使路面景观也承载传达和表现中华传统龙文化的载体，达到美观、经济、适用的效果。

4.2　建筑小品设施规划设计

建筑小品设施主要包括山门牌坊、息龙台、飞龙台、广场牌坊、金水桥、九龙碑、12生肖走廊、宝瓶供、九龙洗太子、景观亭、厕所、焚烧间、焚烧炉、墓碑、园林标识小品等，相关设计描述均可以从上文中对应找到。

景观小品：为了增加墓园的整体视觉景观效果，可在园区内设置一些景观小品，题材结合龙、凤、龟等灵兽的造型和中国传统龙文化理念，以达到锦上添花的目的。

园林标识小品：标识小品是墓园中极为活跃、引人注目的文化宣教设施，具有造型美观与实用功能并重的特点，包括墓园导游图、简介牌、标志牌以及指路牌等各种形式。园林标识小品从布局到造型均应与墓园景观环境协调、统一，并应赋有墓园个性特色，因此，首先在布局上要形成优美的空间环境，考虑人们停留、通行、休息等必要的尺度要求；其次，路旁的展示牌、标志牌等须退让过往人流的用地，以免相互干扰；再次，展示小品可结合园椅、园灯、山石、花木等统一布局，使其融为一体，九龙园的标识牌以龙文化图案为特征，便于形成自身的景观风格。

休息设施点（区）：在各墓区主要交通节点、山顶或植被长势茂盛的地方，依地势适当改造设计为园区内的休息设施点（区），区域内根据地形条件适当设置桌凳及小型集散广场，供祭拜、凭吊、观光的人们在此集散、休闲和观光，也可为后期服务管理人员提供使用。

焚烧炉：拟在九个墓区当中各设置一处，未来可根据需要增加数量。焚烧炉的设计以功能满足为主要目标和原则，在此基础上于焚烧炉体装饰龙纹，以增强景观效果，形成墓区的点缀景观。

4.3　植物景观规划设计

本项目的植物配置遵循适地适树原则、注重植物的观赏特性和季相景观的展示、以形成良好的生态面貌和深厚的龙文化底蕴内涵为目标，重点形成以下几个区域：停车场浓荫景观、金水桥放生池景观、办公接待景观、九龙景观、景观亭山地树林景观、草坪稀树景观和墓区景观。

停车场采用树阵的配置方式，配置树形优美、四季常绿的香樟，提供遮阳良好的停车场所。

金水桥放生池景观，主要考虑水生植物的配置和岸边景色的营造。放生池中种植睡莲、再力花和旱伞草，睡莲有"花中睡美人"之称，适合在静水中配置，再力花和旱伞草适合装点池边，再力花高可达2m以上，很适合作为睡莲的背景。旱伞草姿态文静、秀雅自然，装点临近办公楼入口的池边同时由于植株低矮，不会影响到观景视线。同时加入千屈菜、菖蒲、水葱和梭鱼草，丰富金水桥两侧的景观。放生池西北边的植物群落，以夏日开蓝花、雅丽清秀的蓝花楹为基调树种，沿池边配有成片的美人蕉和竹丛，意在营造层次分明的植物景观的同时，兼顾倒影效果。

办公楼接待景观主要以草花和灌木为主，孤植清香木，形成部分遮阳。灌木配有苏铁、非洲茉莉、龙爪槐和鸡爪槭等，点缀美女樱、三色堇、麦冬和地石榴等地被。殡仪馆北侧的焚烧间树种的选择主要考虑其防火、耐火特性，选择树皮较厚、萌芽力强的树种，有青冈、麻栎、栓皮栎和女贞。

九龙景观是九龙碑两边的植物景观。九龙碑西侧散植9株龙柏呼应九龙的主题，东侧以密植的形式配置有南洋杉、桂花、球花石楠、滇楸和竹子形成高低错落的林冠线，遮挡后面建筑对景观的影响。龙柏和南洋杉树龄均较长，苍劲肃穆，有万古长青之意，表示逝者永恒之意。灌木层配有苏铁、海桐和山茶。地被层采用萼距花、常春藤、葱兰和秋海棠。

景观亭山地树林景观，景观亭西侧以青冈、天竺桂、桂花组成的混交林为主，在靠近路边的位置种有紫叶李和石榴，以丰富春夏景观。亭子南侧孤植鹅掌楸，周边配有白兰花和拟单性木兰。

景观亭正对的植物群落依据山势，设置了不同的林带，靠近九龙碑的是龙柏层，靠上一层是水杉层，靠近景观亭的是杜英、球花石楠和山玉兰组成的混交林层。间隔配有紫荆和紫薇。既有层林尽染的色叶树与常绿树的对比，也加入了春夏的开花景观。这一片区的灌木有：金叶女贞、假连翘、叶子花、栀子花（达州市市花）、丝兰、珊瑚树、八角金盘、红花继木和鸡爪槭。

草坪稀树景观，是从十二生肖石像生到轮回广场，再到宝瓶供所处的核心草坪区域。草坪周边围合选用的树种有银杏、香樟、黑松、枫香和青桐。草坪内部点缀少许山玉兰、清香木、黄葛树、蓝花楹和鹅掌楸。轮回广场和宝瓶供周边配有棕榈。香樟和黑松均为常绿树种，银杏和枫香为色叶树种，树体高大挺拔、叶形古雅、寿命绵长、古朴清幽。枫香秋日叶色变红，成片种植，配合秋叶变黄的银杏，使秋景更为丰富灿烂。青桐是祥瑞的象征，配置于宝瓶供以上的草坪周边，也是草坪区域的最高处，取其"栽下梧桐树，自有凤凰来"的美好寓意。本片区的灌木有：金叶女贞、假连翘、栀子花、小叶女贞、珊瑚树、非洲茉莉和含笑。

墓区主干道拟采用香樟作为行道树。两条主要环道的行道树分别有，黄葛树、球花石楠、灯台树、广玉兰、枫香、麻栎、三角枫和黑松。墓区是全园的核心，内部植物景观的打造拟结合墓位的安排，选择可以辟邪的植物，如桃木、青桐、垂柳等。桃木辟邪之说历史久远，桃与辟邪、逃凶等传统风俗有许多联系；青桐是祥瑞的象征；柳树生命力特别旺盛，曾被视为辟邪之物，谐音"留"，表示对死者的思念。再加入树龄较长的植物以表示逝者永恒之意，如松柏类、银杏、榕树、苏铁、蒲葵、香樟、黄葛榕等。松柏类植物苍劲肃穆，有万古长青之意；银杏俗称白果树、公孙树、被誉为植物界的"活化石"，树体高大挺拔、叶形古雅、寿命绵长、气度古朴清幽、超然洒脱；榕树树形奇特、冠大干粗、枝叶繁茂、四季常青。特色墓园又分别根据专题进行植物点缀，如安葬恩师，可以选用桃、李，以示"桃李满天下"之意；如安葬高知高干人士，可以选择清高淡泊的"岁寒三友"、"四君子"、白丁香、紫薇等。

墓位周边植物拟选用树形优美，植株矮小，生长较慢的树种。如栀子花、红叶石楠、鸡爪槭、南天竹、灌木石榴、龙爪槐、海桐等。同时选用适量的地被植物来装点墓位，如六月雪、麦冬、肾蕨、常春藤、萼距花等。

4.4 墓区划分

整个墓区依据顺时针方向划分为9个小区，以龙的九子的名字来命名，即囚牛、睚眦（yá, zì）、狴犴（bì, àn）、狻猊（suān, ní）、饕餮（tāo, tiè）、椒图、赑屃（bì, xì）、螭吻（chī, wěn）、貔貅（pí, xiū）分别对应墓区（一）到墓区（九）。或者干脆以龙（一）区至龙（九）区命名，简洁、直观。

现代墓园的墓区安排除传统的墓葬区外，还有现代墓区及其他墓区。九龙园中的墓区以传统墓区为主，可根据需要设置森林墓区、花草墓区、草坪墓区等现代类型的墓区，或设置职业墓区、亲情墓区等其它特色墓区。需要说明的是，本次环境景观规划设计的草坪区域因处于后期开发建设阶段，故暂未编入九个墓区当中。

4.5 墓碑艺术设计

墓碑是墓区特有的景观建筑小品，在墓位、墓碑统一安放、统一管理的基础上，要提倡设计的多样化，通过墓区内墓碑的艺术化处理，既可充分利用土地及空间，又可使墓区更加美观和艺术化，并成为墓园中一道独特的风景线。一般墓碑可分为传统墓碑、现代墓碑、艺术墓碑和个性墓碑。

① 传统墓碑　墓碑整体设计以简洁、庄严、肃穆、祥和为主题，多方方正正，可以龙凤的雕刻纹样进行装饰，碑体一般为黑色或白色，其上阴刻墓主人、立碑人或墓志铭等信息。

② 现代墓碑　在传统墓碑的基础上去除繁琐的装饰，以简洁、简单的形式为主，只表明墓主人的名字或一些必要的信息。

③ 艺术墓碑　区别于传统墓碑的方正，碑身采用简洁、艺术的线条，以造型美表现为主，体现一定的艺术审美情趣。

④ 个性墓碑　没有一定的制式，根据墓主人生前意向或家人的意向进行制作，可以是雕塑、小品、植物，也可以是其它艺术品。

4.6 基础设施建设规划

墓园内的给、排水工程，电力、电信工程等根据墓园内的实际情况以及周围环境特点专门设置或配套建设。

5 分期开发建议

5.1 一期开发

主要是综合艺术景观服务区及墓区一、二、三、四。其中综合艺术景观服务区为重点，需以其为龙头带动一期墓区的开发与销售。

5.2 二期开发

主要是墓区七、八、九3个小区。

5.3 三期开发

主要是墓区五、六2个小区，为位置、环境最好的区域。这一阶段还可根据开发销售情况将二环路环绕的草坪区域转为墓区进行开发建设。

区位图

达州市是四川省的一个地级市，其由原达川地区更名建立，达州别称"达城"。位于四川东北部，大巴山南麓。是四川省的人口大市、农业大市、工业重镇，有"川东明珠"，"中国气都"、"巴人故里"之美誉。还有着大面积园林，被评为"四川省园林城市"、"四川省环保模范城"。达州市总面积16591平方千米，辖1个市辖区、5个县，1个县级市。九龙村位于达州市通川区复兴镇，距离达州市区五千米左右。

■四川省在中国的位置

■达州市在四川的位置

■达州市区在达州市的位置

■九龙园公墓所在位置

■九龙村在达州市区的位置

九龙通天 灵异宝地 瑞示呈祥 泽润八方

中国四川达州九龙园公墓环境景观规划设计

二、公园规划设计

西南林业大学园林系 刘扬

①

图1 区位图

125

中国四川达州九龙园公墓环境景观规划设计

九龙通天　灵异宝地　瑞示呈祥　泽润八方

②

西南林业大学园林系　刘扬

图2　现状图

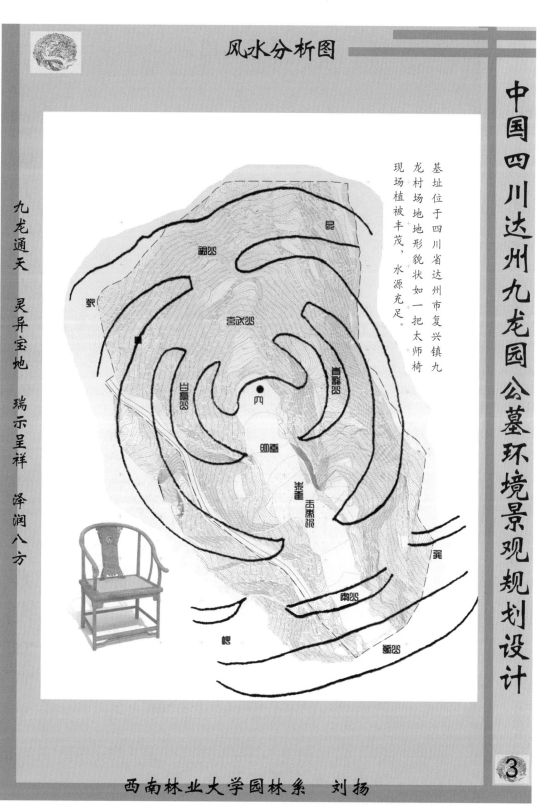

风水分析图

中国四川达州九龙园公墓环境景观规划设计

二、公园规划设计

九龙通天 灵异宝地 瑞示呈祥 泽润八方

基址位于四川省达州市复兴镇九龙村场地地形貌状如一把太师椅，现场植被丰茂，水源充足。

西南林业大学园林系 刘扬

③

图3 风水分析图

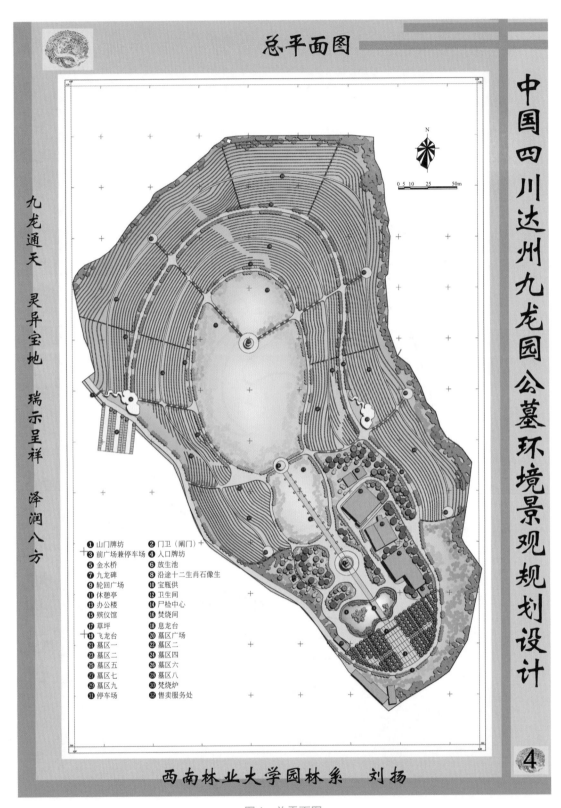

中国四川达州九龙园公墓环境景观规划设计

九龙通天 灵异宝地 瑞示呈祥 泽润八方

① 山门牌坊　② 门卫（闸门）
③ 前广场兼停车场　④ 入口牌坊
⑤ 金水桥　⑥ 放生池
⑦ 九龙碑　⑧ 沿途十二生肖石像生
⑨ 轮回广场　⑩ 宝瓶供
⑪ 休憩亭　⑫ 卫生间
⑬ 办公楼　⑭ 尸检中心
⑮ 殡仪馆　⑯ 焚烧间
⑰ 草坪　⑱ 息龙台
⑲ 飞龙台　⑳ 墓区广场
㉑ 墓区一　㉒ 墓区二
㉓ 墓区三　㉔ 墓区四
㉕ 墓区五　㉖ 墓区六
㉗ 墓区七　㉘ 墓区八
㉙ 墓区九　㉚ 梵烧炉
㉛ 停车场　㉜ 售卖服务处

西南林业大学园林系　刘扬

图4　总平面图

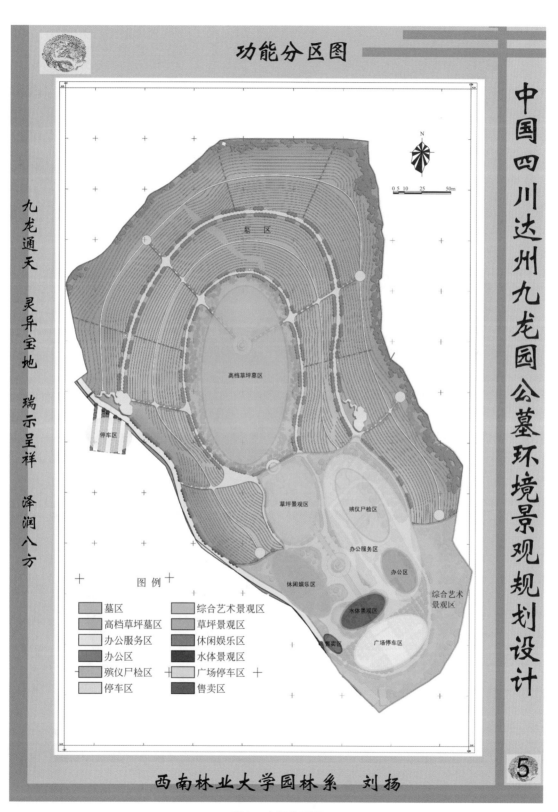

图5 功能分析图

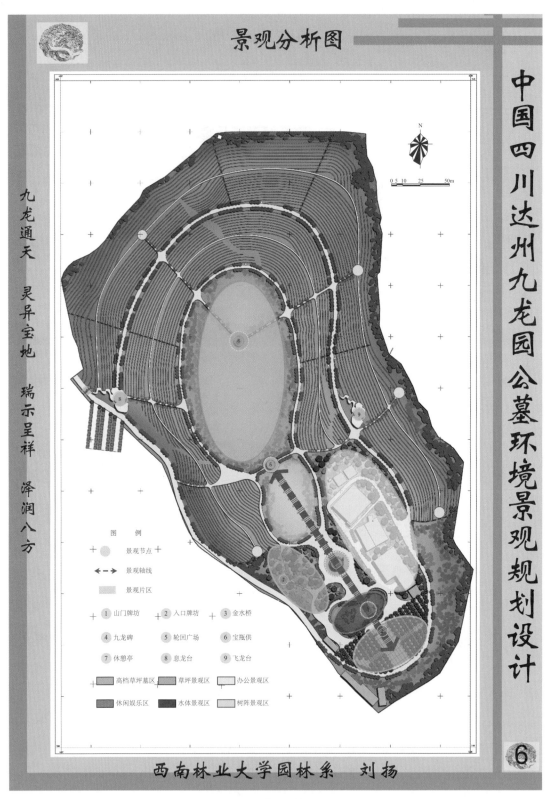

景观分析图

九龙通天　灵异宝地　瑞示呈祥　泽润八方

中国四川达州九龙园公墓环境景观规划设计

N

0 5 10　25　　　50m

图　例

十〇 景观节点

←→ 景观轴线

景观片区

① 山门牌坊　② 入口牌坊　③ 金水桥

④ 九龙碑　⑤ 轮回广场　⑥ 宝瓶供

⑦ 休憩亭　⑧ 息龙台　⑨ 飞龙台

高档草坪墓区　　草坪景观区　　办公景观区

休闲娱乐区　　水体景观区　　树阵景观区

西南林业大学园林系　刘扬

6

图6　景观分析图

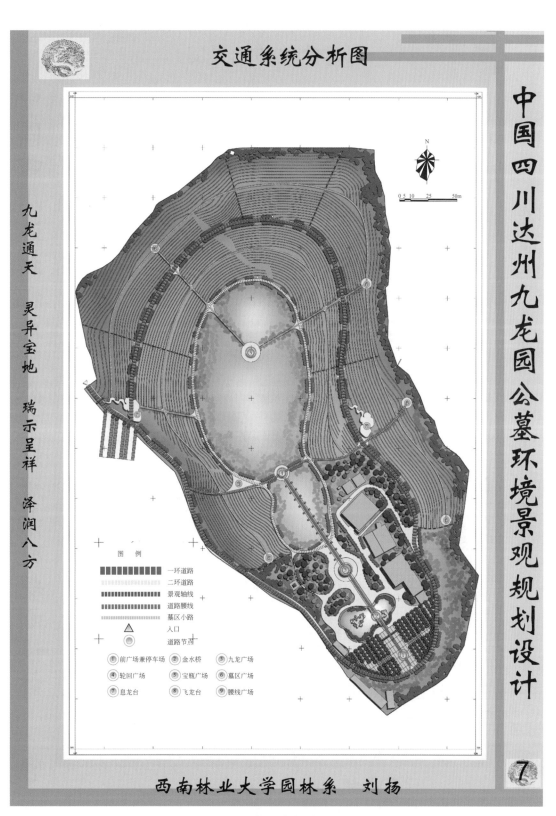

交通系统分析图

中国四川达州九龙园公墓环境景观规划设计

二、公园规划设计

九龙通天

灵异宝地

瑞示呈祥

泽润八方

图例

一环道路
二环道路
景观轴线
道路腰线
墓区小路
入口
道路节点

① 前广场兼停车场　② 金水桥　③ 九龙广场
④ 轮回广场　⑤ 宝瓶广场　⑥ 墓区广场
⑦ 息龙台　⑧ 飞龙台　⑨ 腰线广场

0 5 10　25　　50m

N

西南林业大学园林系　刘扬

⑦

图7　交通系统分析图

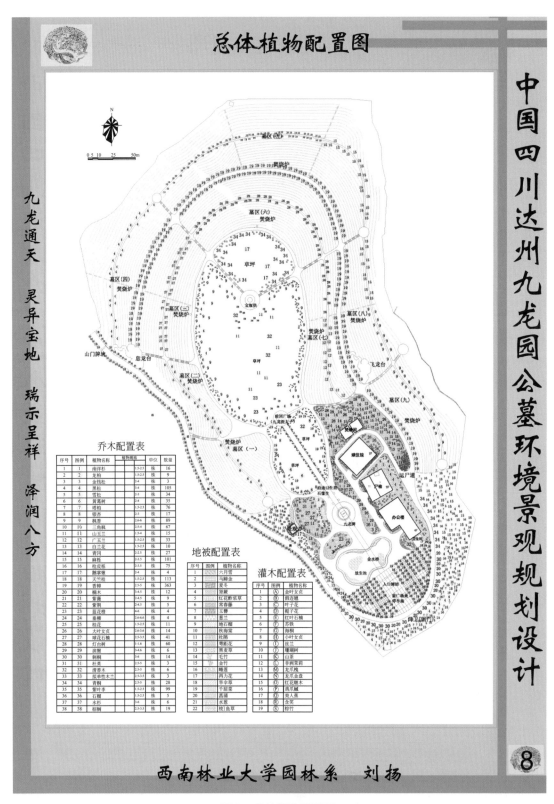

中国四川达州九龙园公墓环境景观规划设计

九龙通天　灵异宝地　瑞示呈祥　泽润八方

下篇　风景园林设计案例

乔木配置表

序号	图例	植物名称	植物规格	单位	数量
1	1	南洋杉	1.5-2.5	株	16
2	2	龙柏	1.5-2.5	株	9
3	3	金钱松	2-4	株	3
4	4	黑松	2-4	株	105
5	5	雪松	2-3	株	34
6	6	黄葛树	2-4	株	35
7	7	塔柏	1.5-2.5	株	76
8	8	银杏	2-3	株	17
9	9	枫香	2.6-6	株	89
10	10	三角枫	2.5-4	株	67
11	11	山玉兰	1.5-4	株	15
12	12	广玉兰	1.5-2.5	株	33
13	13	白兰花	1.5-2.5	株	10
14	14	青冈	2-2.5	株	27
15	15	麻栎	2-3.5	株	101
16	16	枪皮栎	2-3.5	株	75
17	17	舞紫薇	2-4	株	4
18	18	天竺桂	1.5-2.5	株	113
19	19	香樟	2.5-5	株	363
20	20	楠木	3-4.5	株	12
21	21	紫薇	2-4.5	株	9
22	22	紫荆	2-4.5	株	5
23	23	蓝花楹	4-6	株	4
24	24	垂柳	2.6-6.6	株	4
25	25	桂花	1.5-2.5	株	11
26	26	大叶女贞	2.6-3.6	株	14
27	27	球花石楠	2.5-3.5	株	41
28	28	灯台树	1-1.6	株	60
29	29	滇楸	3-4.6	株	6
30	30	刺桐	3-6	株	14
31	31	朴树	2.5-5	株	3
32	32	清香木兰	2.5-5	株	6
33	33	拟单性木兰	2.5-3.5	株	5
34	34	青桐	2.5-5	株	28
35	35	紫叶李	1.5-2.5	株	99
36	36	石楠	1.5-2.5	株	6
37	37	水杉	3-6	株	25
38	38	棕榈	2.3-3.5	株	19

地被配置表

序号	图例	植物名称
1		六月雪
2		马蹄金
3		麦冬
4		肾蕨
5		红花酢浆草
6		常春藤
7		玉簪
8		蕙兰
9		地石榴
10		秋海棠
11		杜鹃
12		鸢尾花
13		黑麦草
14		毛竹
15		金竹
16		睡莲
17		再力花
18		旱伞草
19		千屈菜
20		菖蒲
21		水葱
22		梭鱼草

灌木配置表

序号	图例	植物名称
1	A	金叶女贞
2	B	假连翘
3	C	叶子花
4	D	椤子花
5	E	红叶石楠
6	F	苏铁
7	G	海桐
8	H	小叶女贞
9	I	丝兰
10	J	珊瑚树
11	K	山茶
12	L	非洲茉莉
13	M	龙爪槐
14	N	龙爪金盘
15	O	红花继木
16	P	鸡爪槭
17	Q	美人蕉
18	R	含笑
19	S	棕竹

西南林业大学园林系　刘扬

图8　总体植物配置图

总体鸟瞰图

九龙通天　灵异宝地　瑞示呈祥　泽润八方

中国四川达州九龙园公墓环境景观规划设计

西南林业大学园林系　刘扬

二、公园规划设计

9

图9　总体鸟瞰图

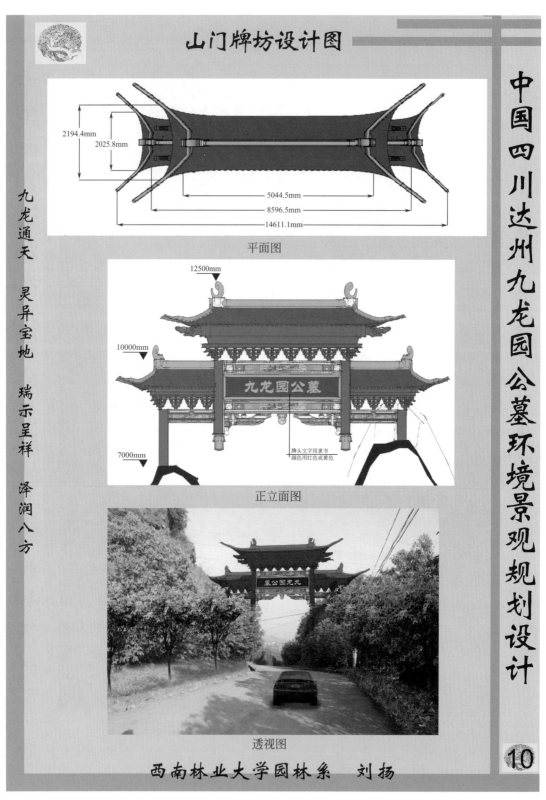

图10　山门牌坊设计图

息(飞)龙台设计图

彩色水泥铺装

平面图

九龙通天　灵异宝地　瑞示呈祥　泽润八方

中国四川达州九龙园公墓环境景观规划设计

透视图

西南林业大学园林系　刘扬

⑪

图11　息（飞）龙台设计图

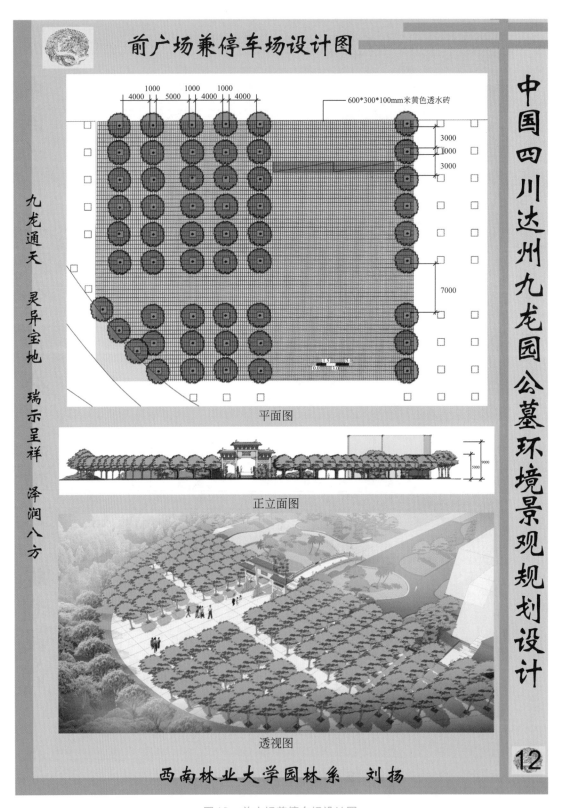

前广场兼停车场设计图

600*300*100mm米黄色透水砖

平面图

正立面图

透视图

九龙通天　灵异宝地　瑞示呈祥　泽润八方

中国四川达州九龙园公墓环境景观规划设计

西南林业大学园林系　刘扬

图12　前广场兼停车场设计图

广场牌坊设计图

九龙通天　灵异宝地　瑞示呈祥　泽润八方

正立面图

侧立面图

平面图

透视图

西南林业大学园林系　刘扬

图13　广场牌坊设计图

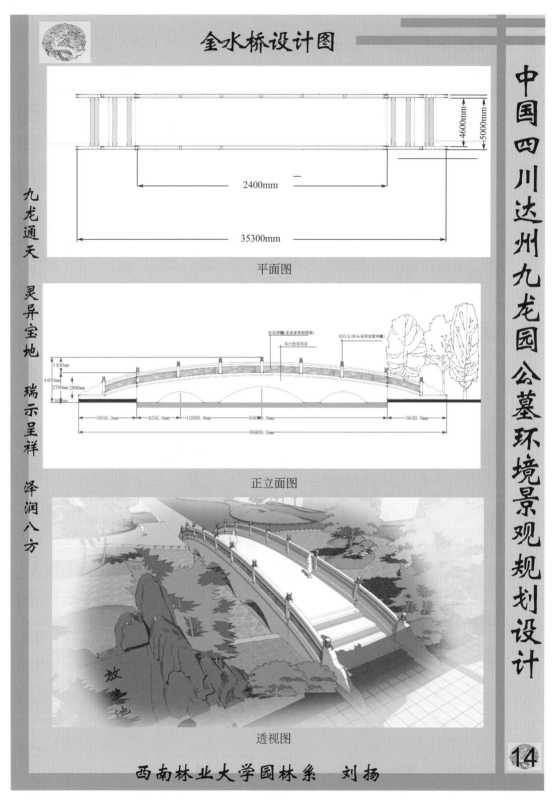

图14　金水桥设计图

图15　金水桥与放生池效果图

139

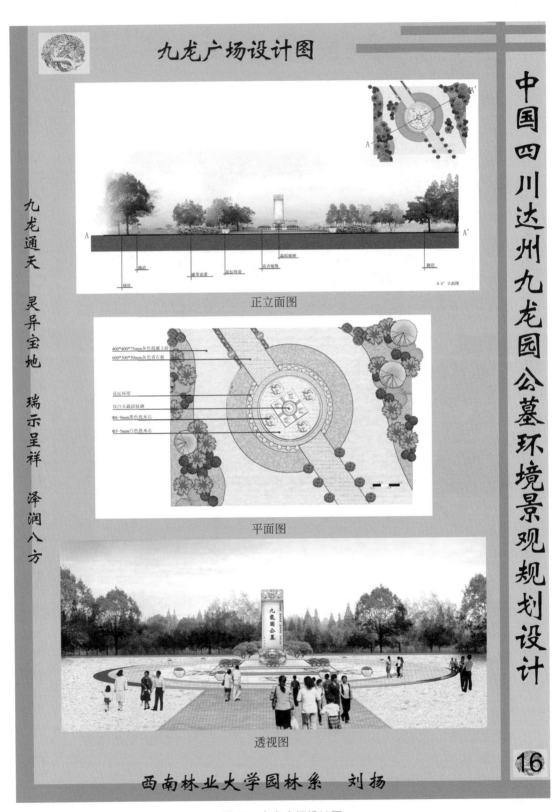

九龙广场设计图

正立面图

平面图

透视图

九龙通天　灵异宝地　瑞示呈祥　泽润八方

中国四川达州九龙园公墓环境景观规划设计

16

西南林业大学园林系　刘扬

图16　九龙广场设计图

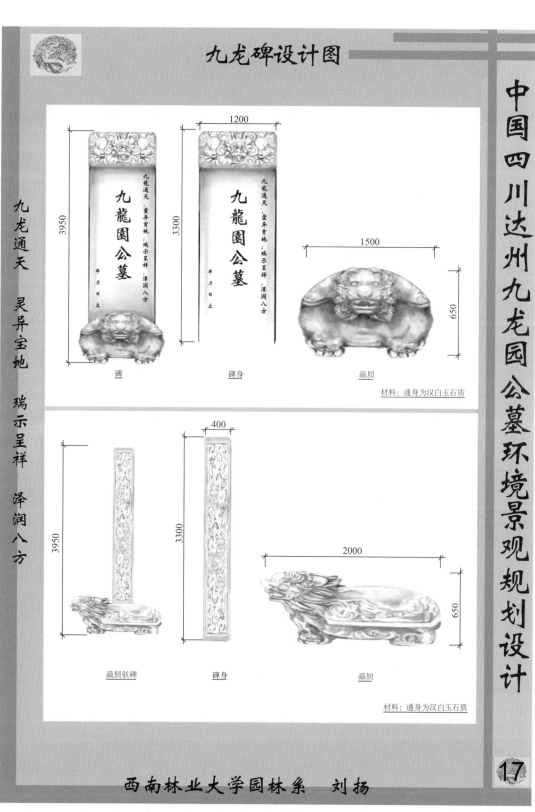

图17 九龙碑设计图

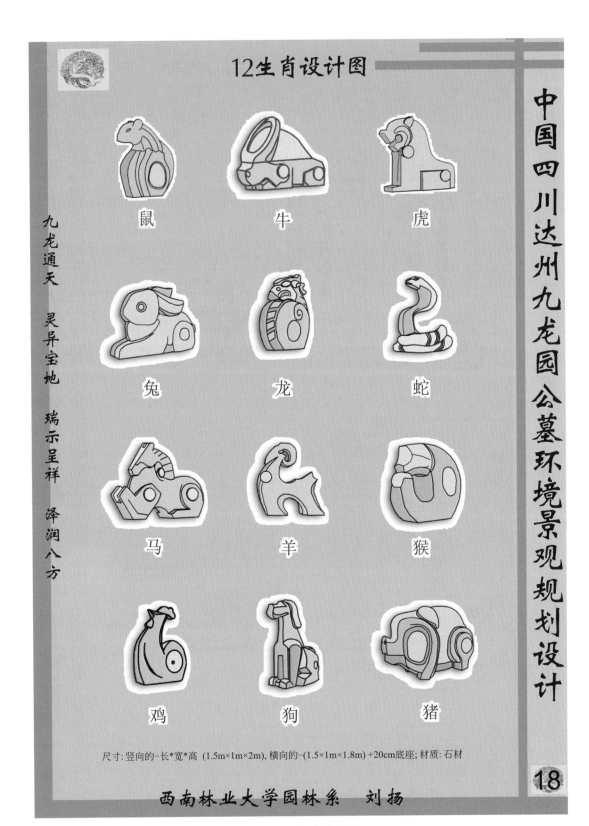

12生肖设计图

鼠　牛　虎

兔　龙　蛇

马　羊　猴

鸡　狗　猪

九龙通天　灵异宝地　瑞示呈祥　泽润八方

尺寸: 竖向的—长*宽*高 (1.5m×1m×2m), 横向的—(1.5×1m×1.8m) +20cm底座; 材质: 石材

西南林业大学园林系　刘扬

中国四川达州九龙园公墓环境景观规划设计

18

图18　12生肖设计图

12生肖走廊透视图及宝瓶大样图

九龙通天　灵异宝地　瑞示呈祥　泽润八方

中国四川达州九龙园公墓环境景观规划设计

二、公园规划设计

19

12生肖走廊透视图

宝瓶大样图

西南林业大学园林系　刘扬

图19　12生肖走廊透视图及宝瓶大样图

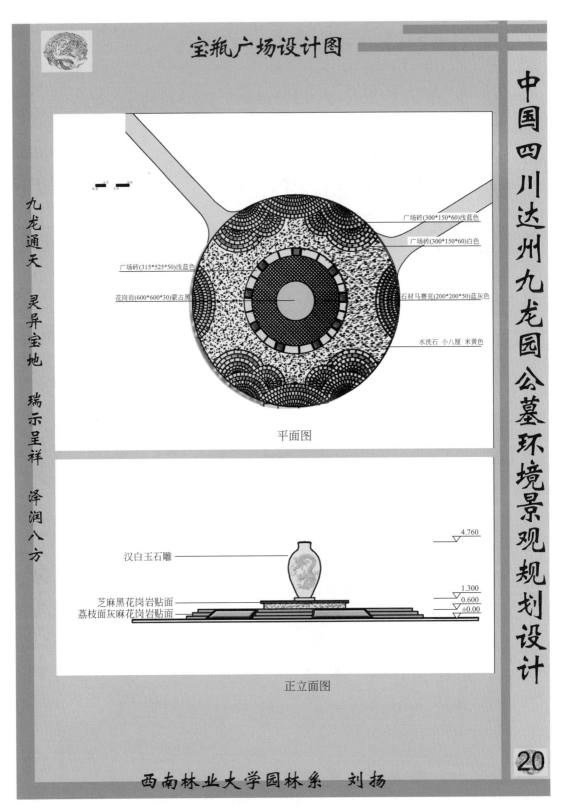

宝瓶广场设计图

九龙通天　灵异宝地　瑞示呈祥　泽润八方

广场砖(300*150*60)浅蓝色

广场砖(300*150*60)白色

广场砖(315*525*50)浅蓝色

花岗岩(600*600*30)蒙古黑

石材马赛克(200*200*50)蓝灰色

水洗石　小八厘　米黄色

平面图

汉白玉石雕

芝麻黑花岗岩贴面

荔枝面灰麻花岗岩贴面

4.760

1.300
0.600
±0.00

正立面图

20

西南林业大学园林系　刘扬

图20　宝瓶广场设计图

轮回广场设计图

正立面图

A-A'立面图

广场地面　　九龙洗太子景观池

平面图

灰白色透水性混凝土
Φ3-5mm白色洗米石
汉白玉九龙洗太子雕塑
600*300*50mm灰色青石板
600*300*50mm灰色青石板

透视图

西南林业大学园林系　刘扬

九龙通天　灵异宝地　瑞示呈祥　泽润八方

二、公园规划设计

21

图21　轮回广场设计图

九龙洗太子设计图

Φ4500mm

700
1400

700
Φ6000mm
材料:汉白玉

1200

1650

900

透视图

九龙通天　灵异宝地　瑞示呈祥　泽润八方

西南林业大学园林系　刘扬

中国四川达州九龙园公墓环境景观规划设计

22

图22　九龙洗太子设计图

植物园规划建设

思茅佛莲山亚热带植物园建设构想

摘　要： 本文介绍了佛莲山亚热带植物园的构想，探索在保持植物园科学性的同时，突破传统植物园的陈规，强调植物景观的展示以及森林、文化旅游的开发，结合现代植物园的功能要求、园址环境的特点以及植物园所处地域的特殊文化，发展其独特性，突出地带性和区域性植物特色以及森林、文化旅游的魅力。

关键词： 佛莲山；植物园；森林旅游；文化旅游；特色；思茅

植物园大多以地处市区或近郊的地理优势，丰富的科学内涵和优美的园林外貌，清新的空气，有趣的娱乐项目，成为人们回归大自然、陶冶情操、休闲娱乐的好场所，备受人们的青睐。植物园观光旅游已成为一种越来越被人们关注的生态旅游项目[1]。随着城市化的高速发展，生态环境的日益恶化，"回归自然，返璞归真"越来越成为人们普遍的心愿。植物园除能作为学术研究之外，人们还可借助其完善的解说系统学习植物知识，揭开自然界中千姿百态的植物奥秘。这种寓教于乐的方式既符合市民的愿望，也是发展旅游的新动向、新趋势[2]。

植物园最主要的任务之一，是进行植物科学研究工作[3]。但植物园发展至今，已对人类产生了深刻的影响，现代植物园的功能在不断地扩展。如前所述，植物园观光游览的功能日益显现。这是因为，任何一个植物园都不可缺少地要创造优美的植物景观环境以为公众的观光游览和科普教育服务。借鉴国内外著名的植物园的做法，现代植物园除了供研究之外，还重视休闲游憩空间的创造[2]。这为植物园开展相关旅游提供了可能和必然。同时，植物园服务对象由相关研究人员扩展到既要观光游览又想获得知识的大众，也为植物园的观光旅游功能提出了更高的期望。

思茅市佛莲山亚热带植物园构想了在保持植物园科学性的同时，突破传统植物园的陈规，强调区域地带性植物景观的展示和与森林旅游、所处地域特殊文化旅游的结合，在总体构思、分区内容以及主题上具备了自身鲜明而独特的个性。

1　背景及意义

思茅市位于云南南部，距昆明480km，距世界级旅游胜地西双版纳约150多千米，市区到缅甸、老挝、越南三国边境均只有100多千米。昆曼公路修通后，作为东南亚陆路进入中国的第一个城市，加上泛亚铁路的修建和澜沧江上思茅港的不断发展，思茅市将成为中国西南地区面向东南亚各国的一个枢纽城市。

思茅是少数民族聚居地，境内共有26种民族，各种神秘悠久的民族文化与博大精深的汉文化在此得到完美交融，形成了思茅特有而迷人的文化现象，极具旅游开发价值。思茅市区目前只有一个人工水库改作的公园，而且尚不具备充分的游客容量和休闲、娱乐、观光等功能。佛莲山亚热带植物园不但可为市民提供休闲、娱乐、观光的市郊园林，还可作为具有

注：该文章最初发表在《福建林业科技》（中国自然科学核心期刊、全国中文核心期刊）2006年33卷第2期。

吸引国内外游客实力的高级别旅游资源，这对于提升思茅市形象，改善思茅市人居环境将起到不可估量的作用。

2 园址佛莲山概况

佛莲山位于思茅东郊5km处，斋公箐后山，思茅水流的源头，占地254.4hm²，是思茅古八景之一的"象岭春深"（因过去为野象出没之地，又漫山遍野开满杜鹃花而得名）所在。海拔1300～1700m。最冷月（1月）平均气温11.4℃，最热月（6月）平均气温21.7℃，年平均气温17.7℃，属亚热带高原季风气候，具有低纬、高温、多湿、静风的特点。境内冬无严寒，夏无酷暑，无污染，无嘈杂。山势缓和，地形较丰富，云海松涛，景色宜人。

整个地形九峰环抱，天然屏障，状如长城，只西南角山下一个天然大门口，东北角山顶一个山垭口似后门。九峰如莲花瓣瓣，相传为佛祖弹出的一缕莲花光所化。山顶上一座茶山，酷似一尊盘坐的无首弥勒大佛，大佛天然，相传也是弥勒佛为代佛祖来此度化一方劫难所化。地域中间一条叫长梁子的山脉从山头到山脚五台迭起，弯曲如"S"，像一条活泼生动的巨龙，又使整个环抱山脉形状如古太极图。而今太极图的两个鱼眼处，又正好建了两个小型水库。环境也以山脉为界因日照影响具有山北背阴，湿润清凉；山南向阳，干燥温暖的阴阳明显特点，天然地写实中华民族易经古典哲学的原理。其上佳吉向更显示是出难得的风水宝地，难怪会为历代慧眼所识，游人不断了。又有被明朝敕封的孟连22代土司家二小姐嫁到思茅，作为陪嫁，在佛莲山修建了一座佛寺，香火曾旺极一时，遂成村落，名为"斋公箐"。今天的佛莲寺就是在佛寺遗址上恢复重建的。

另外还有许多有关佛莲山的民间传说，如佛祖弹出的那缕光——佛莲山的来历，弥勒佛道场——斋公箐的来历，未了的心愿谁行——普贤菩萨骑白象南来的传说，风水流向谁家——挖断山的传说，白象、金牛的影踪——雷打石、金勺子的传说等。

总之，佛莲山园址地形较为丰富，拥有多种不同的生态环境。作为思茅水流的源头水源较充足，林相郁闭，植被丰富，除思茅松外，阔叶林树种繁多，生长茂盛。境内有红椿、侧柏、香梓、桦木、栲木、山桂花等用途广泛的优质树种，还有锥栗、木荷、水松、厚皮香等木料和楠木、紫柚木、云南石梓等珍贵树种，肉桂、灯台、杜仲等药材也不罕见，且有较为明显的地带性植物，建园基础良好。此外，佛莲山独特的宗教文化、养生文化和丰富多彩的民间传说也可以丰富植物园内容，为植物园增色添彩。

3 佛莲山亚热带植物园总体构思

3.1 佛莲山文化定位

凡天下名山，雄险奇秀，必各独具风骚。峨眉天下秀，青城天下幽，黄山天下奇，华山天下险，是都定位了的。佛莲山以何享誉天下呢？

画家贺昆一到佛莲山就被醉倒了，多次流连忘返。他说：佛莲山给人的感觉是太温柔了，这里的山都一个个圆峰挺秀，像女人的乳房。这一比喻真是再贴切不过了，令人拍案叫绝。

佛莲山，不露石，不露脊，一层厚厚的红土，绵软地包裹着，柔和地垫你的脚。茂密的亚热带植物的树冠，柔软、圆阔、丰满，更是具有一种光感和女人的气味。

佛莲山，起伏和缓，线条温柔，就像古典仕女轻移莲步撒下的余韵。山中的小路蜿蜒曲折，极尽曲线之温柔。

《辞海》上讲，"柔"有以下几个方面的解释：

一是柔软。软弱。《易•系辞上》："刚柔相推，而生变化。"《老子》："见小曰明，守柔曰强。"老子道家文化亦讲"柔"，"厚德载物"。

二是温和。《礼记•内则》："柔声以谏。"温和的态度，于己于人于事都好，长此以往，温和的人亦必是受欢迎的人，此为"柔"的处世哲学。

三是形容性情柔和。《列子•汤问》："其国名曰终北……人性婉而从物，不竞不争，柔心而弱骨，不骄不忌[4]。"名利柔化，人性宛然，此为"柔"的做人理念。

佛莲山的佛教文化和养生文化，本质就透着对生命的温柔，慈母般的情怀。世界的茶乡，中国的茶都，悠悠的茶文化更是渗透着对人性的温柔（自古以来世人皆知饮茶降火的功效）。

佛莲山更应柔在人心。人心恶，大自然就恶化。人心美，大自然就复活。爱大自然，就是爱生命。大自然荒芜了，人心也就枯死了。佛莲山的郁郁葱葱不就象征着生命的复苏和重建吗？

温柔的佛莲山，温情的文化，养育了性情温和的人们，也正蕴育着稳定、繁荣的思茅。

故此，佛莲之柔，是可以与峨眉之秀、青城之幽、黄山之奇、华山之险相媲肩的定位了。

3.2 功能定位

就植物分布状况看，南亚热带地区主要包括华南丘陵区、台湾中北部以及云南南部山区[2]，因此，该植物园以展示亚热带植物为主，以反映思茅当地植物区系特点。同时，密切注意植物园不同于普通的园林而具有自己的特点和功能的特殊性而努力体现这一特殊性。总体构思及景区划分不采用传统的严格的分类系统，而是依照植物形成的景观特色以及植物的生态习性自然分区，结合园址的地形地貌因地制宜，注重形成景区的特色，避免景观雷同，重点展示亚热带常绿阔叶林植物景观。并于植物园中规划除中心植物景观展示区以外的文化旅游区、森林旅游区、管理服务区等，与森林、文化旅游紧密结合，设置各种景观设施和旅游服务设施，以满足人们接受科普教育、休闲、娱乐、观光、旅游的需要。佛莲山亚热带植物园拟主要实现以下几方面的功能。

① 展示亚热带植物景观 魅力植物观光。作为亚洲特有、中国唯一的亚热带常绿阔叶林，这里将展示其景观的异质性和珍贵性，展示亚热带常绿阔叶植物的柔美。

② 过冬避暑胜地 思茅市具有气候温和、植被茂密且具有多样性、多雨、静风等特点。境内冬无严寒，夏无酷暑，人称"春城中的春城"，是自然界少有的过冬避暑胜地，休疗养的好地方。这里将展示气候的温柔。

③ 发展森林旅游 思茅以"绿色生态大区"为建设目标，旅游项目的不足是一缺憾。佛莲山亚热带植物园开展森林旅游、休闲、观光，建成后对思茅的生态发展具有积极的意义。

④ 开发养生文化 开发体现当地民间民俗的药酒、药膳、按摩、中草药等养生文化，开发普洱茶系列独特的佛茶及其他商品，彰显普洱茶文化，体现对人性的温"柔"。

⑤ 弘扬佛教文化 弘扬思茅北传大众部佛教、南传上座部佛教两大佛教支系相融合的国内唯一的独特佛教文化，在此背景下，佛莲山将以圣地祈福、礼佛敬香等佛事活动展示宗

教文化旅游的魅力。

⑥ 再现民俗文化　边疆少数民族乡土民俗文化观光，以佤族、拉祜族、傣族、彝族为主。

4　分区、景点构想

4.1　植物景观展示区

以亚洲特有，中国唯一的亚热带常绿阔叶林的代表科：樟科、木兰科、壳斗科、金缕梅科、山茶科为重点进行植物景观展示区的规划构想。

① 樟树院　以樟树形成特殊的植物院落景观，用于旅游商品的展示，满足游人购物的功能要求。

② 木兰园　主要展示木兰科植物茎、叶、花、香等的特性。

③ 壳斗园　通过布置成"八卦阵"的形象来展示壳斗科植物景观。

④ 金缕梅园　主要用于金缕梅科植物景观的展示，独自形成特色。

⑤ 山茶园　以"茶园弥勒"景观为中心，展示云南省特有的山茶科植物，形成茶山、茶海的壮阔景色。

⑥ 蕨类园　利用野生蕨类植物形成特殊的专类观赏园。

⑦ 空谷幽兰　是山中的一处天然兰花山谷，用于野生兰科植物景观的展示，以创造幽静的品赏兰花的野境。

4.2　森林旅游区

于此区体现"林深无雨山亦湿，山静无风暑还清"的意境，开展森林旅游活动。

① 杜鹃花坞　古"春深"景观的再现。把山中当地叫大白花、称为"金丝葫芦"的名贵品种扩大种植成片，还要以组培法大量繁殖红紫黄绿等品种，漫山敷盖，形成杜鹃山花烂漫的景观。

② 松林浴场　采用自然风景林的造景方式营造思茅松林景观，开展森林浴，提供给人们享受自然的场所。

③ 野樱漫漫　已育种的上万株野樱桃花，不要几年就能成林成海，开放时会将山和人都浸泡在花的海洋中，漫山遍野，野趣横生。

④ 仙人下棋　选择林中植被覆盖较郁闭的区域开辟专门的休闲、品茶、对弈的景观空间，好似仙人一般。

⑤ 栈道　于林中交通系统局部设置，形成一景，也可用于林中小憩。

⑥ 百鸟涧　是山中的一处天然山涧，配合亚热带植物展示亚热带鸟类景观。

4.3　文化旅游区

① 五行园　用五种中草药来布置五行园，既可以观赏，也可以开发养生文化。

② 佛莲寺宗教文化旅游区　佛莲寺，用于安置佛像、经卷，且供僧众居住以便修行、弘法，由众多高大庄严的殿堂组成。以圣地祈福、礼佛敬香等佛事活动展示宗教文化旅游的魅力。

③ "野象谷"　古"象岭"景观的模拟再现，重现佛莲山的历史和传说，唤起人们的记忆。

④ 感悟天地墙　选择相对平坦的地段设置一景观墙，专门用于人们涂写人生感悟，既人本又科学，好管理。

4.4　管理服务区

① 大门景观区　包括大门、广场、蓄水50万立方米的小二型水库三个景点。
② 观景塔　于山中制高点处设计建造观景塔，远眺思茅全景，形成远借景观。
③ 排云亭　拟于山顶建一亭，因可与云雾相接，故取名"排云"。
④ 清凉台　选择临泉或临顶的合适地段规划安排景观平台，临泉或临风而使然，清凉一身。
⑤ 丹梯　用于登抵佛首的山路，用石材砌级而成。

5　旅游宣传语策划

根据佛莲山的气候、地形的特点，历史、神话传说故事以及规划构想的景观内容总结如下：
① 佛莲四季——春花·夏风·秋雨·冬憩
② 佛莲四绝——奇佛、宝地、云海、松涛
③ 佛莲九景——象岭春深、佛莲泽世、茶园圣景、感悟天地、野樱漫漫、百鸟鸣涧、空谷幽兰、清凉寄情、丹梯浮云

结语

在佛莲山亚热带植物园构想中，密切关注植物园的发展，根据现代植物园的功能要求、园址环境的特点以及植物园所处地域的特殊文化发展其独特性，在保持植物园科学性的同时，突出区域特征和个性，结合森林和文化旅游规划构想适当的观游设施和服务内容，以求科研功能、科普功能、旅游功能与生态效益、社会效益、经济效益的完美结合。

本文参考文献

[1]　何丽芳. 植物园建设与生态旅游探讨. 湖南林业科技，2002（2）：58-60.
[2]　许先升. 梁伊任. 珠海市凤凰山南亚热带植物园规划探讨. 中国园林，2002（5）：33-35.
[3]　唐学山. 李雄. 曹礼昆编著. 园林设计. 北京：中国林业出版社，1997：234.

三、其他类型规划设计

高校校园

案例1：环境绿化与建筑的互动——记西南交通大学郫县新校区科技园区环境绿化设计

摘　要： 单体建筑的环境绿化与单个项目的建筑密切相关，应紧密结合单体建筑的性质、功能、地位、造型、风格等来进行，将环境绿化作为建筑的一部分来统一考虑，以创造各类功能各异、形态丰富的开放空间。

关键词： 环境绿化；建筑；开放空间

1　本文前言

"建筑环境设计是建筑设计的重要部分，其目的是解决建筑与周围环境的关系、过渡和协调，包括绿化，地形地貌，气候条件、自然能源的利用，道路、围墙、大门、平台、山石水池、照明等各种建筑小品的配置，以及人流车流的合理组织等，以丰富建筑的情趣[1]。""现代化新型科研办公建筑，最令人关心的就是建筑使用者所处的环境问题。这里不仅是功能排布是否合理，还应该进一步从精神、心理的角度思考如何设计室内办公空间及室外休闲环境[3]。""建筑作为稳定的不可移动的具体形象，总是要借助周围环境恰当而和谐的布局才能获得完美的造型表现[5]。"可见，要使凝固的音乐——建筑流动起来，使之具有浓厚的情趣，建筑环境绿化的设计应该被引起特别的重视。

2003年5月，我们完成了西南交通大学郫县新校区环境绿化设计方案的公开投标设计。在这一具体的任务当中，笔者完成了对科技园区具体是单个项目的建筑的环境绿化设计。

2　设计方案功能分区介绍和科技园区概况

依据中国建筑西南设计研究院所做的总体规划和环境绿化设计的要求，将西南交通大学郫县新校区按照人文学术轴、交流带、生态带、科技园区、学生生活区、文体活动区"一轴、二带、三区"六个功能区进行环境绿化的设计（图1）。

西南交通大学郫县新校区科技园区位于新校区南端，主要由两栋建筑组成，一为功能体单元建筑，一为科技大楼。其中科技大楼总高约50m，是一幢现代感实足的建筑，在整个新

注：该文章最初发表在《西南林学院学报》2004年24卷第3期。

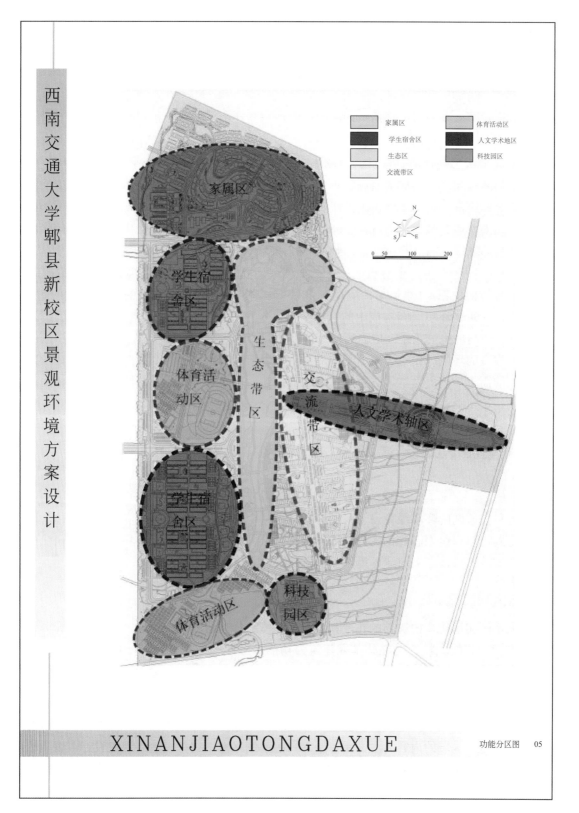

图例：
家属区
学生宿舍区
生态区
交流带区
体育活动区
人文学术地区
科技园区

西南交通大学郫县新校区景观环境方案设计

XINANJIAOTONGDAXUE

功能分区图　05

图1　功能分区图

校区范围内均可以见到它的身影，是科技园区的特征建筑和领域属性的体现。其外部场地相对较局促，可用于环境与绿化设计的空间较少。

3 环境绿化设计控制

（1）这是一个具有较大规模尺度的区域，如何使各单个建筑环境与整个科技园区环境取得统一，就有个整体与局部的问题，需要有一个全局的思想来统领。在科技园区的环境绿化设计中，除了达到最佳的功能外，风格上也力求体现干练、现代等特点，使之与建筑成为和谐统一的整体和统一的环境氛围。事实上，该科技园区单体建筑的性质、功能、地位、造型、风格等亦决定了园区环境绿化设计的风格和氛围。

（2）西南交通大学的活力就在于科技的创新与实践。在园区环境绿化设计中如何坚持建筑的理性与环境绿化的浪漫相结合，对形成设计的特色起着决定性的作用。

（3）科技园区作为一个有机的统一体，要创造完美的外部空间环境就不能割裂建筑与外部空间环境的关系，"建筑与环境是空间存在中的一对孪生子，建筑的存在必然伴随着环境的产生，建筑是环境空间构成中的有机组成部分[4]。"故应追求建筑与环境的互动与对话，而处理好建筑与环境的关系就成为环境绿化设计的关键。

（4）优良的环境绿化对于生活其中的师生起着陶冶情操、净化心灵的作用。设计应紧密结合师生的需求，以人为本地进行环境绿化的设计，在满足工作需要的同时应设计休闲的环境，解决建筑使用者所处的环境问题。

4 科技园区环境绿化设计——开放空间系统

4.1 主旨

通过科技园区的环境绿化设计，结合科技园区中各功能建筑的性质和特点，以体现现代科技为主题，以绿色生态为依托，营造适合西南交大的科研与创新工作环境，为西南交大科技之花的绽放，科技之果的孕育提供一个良好的环境空间。

4.2 园区规划设计

根据本区实地建、构筑物的布置和可用于环境绿化建造的土地情况，大致可设计分为两部分：南门、科技大楼、功能体单元建筑为功能部分，中心水景广场、功能体单元建筑内庭、功能体单元建筑北侧绿地为环境绿化部分（上篇第52页图1　园区园林设计平面图）。

4.2.1 南门——广场式开放空间

作为学校的次入口，科技园区的主入口，其环境绿化设计应以提示、强调入口，烘托入口氛围及暗示该区域的内容为主，重点于入口的西侧绿地中进行植物景观的设计，以栽植成螺旋形的花卉（木槿等）和剪形绿篱（毛叶女贞、小叶女贞、火把果等）形成高低错落的层次，喻意科学研究曲折式上升的过程，并于植物景观中结合高矮、粗细有别的三根浮雕装饰柱，上刻体现西南交大科技成果的代表性内容，以暗指科技园区的主题，烘托入口氛围，形成竖向标志景观。

4.2.2　科技大楼——建筑环境空间

科技大楼是一座现代感实足的建筑，因其周围的绿地面积很小，所以主要考虑于大楼周围进行基础绿化。

为了体现并烘托科技大楼的氛围，绿化选用毛叶女贞、小叶女贞、红花继木、杜鹃等，采用抽象的"浪花"剪形图案，喻意科学的海洋。并于大楼的东侧、靠近墙面处做立体层次的绿化设计，以"贝壳"的抽象形构建分层的花台，花卉植于其中，喻意科海拾贝，亦形成科技园区东入口的对景景观。总之就是以隐喻的设计方法"使建筑所具有的内涵能力得以发挥，更能形成特定的环境气氛与感染力。隐喻是聚类性内涵的表现符号，它唤起人们的联想和美感[1]。"

4.2.3　中心水景广场——广场式开放空间

作为科技大楼和功能体单元建筑之间的联系，亦作为整个园区的中心景观，设计以一系列的水景形成中心水景广场。该水景广场以西侧的微地形森林景观为背景构成由科技园区东入口开始至微地形森林景观结束的景观序列。微地形森林景观采用新、奇、特的植物品种，如四川主产的柑橘新品种，峨眉山特产的圆冠柳杉（新品种）等，以反映科技的魅力。中心水景广场集中设计采用体现高科技含量的电子水晶球、水幕、电脑程控喷泉、水底灯等，以烘托科技园区的高科技氛围。整体中心水景广场景观赋予整个园区动感、现代、热烈的氛围。

4.2.4　功能体单元建筑内庭——内院式开放空间

以三组近似"X"形的园路组成大小不同的景观空间，喻意科学研究的奥秘和未知。其上联系三组"X"形园路的曲线形园路打破了构图的呆板，可于严肃中体现活泼，也喻意西南交大人曲折的探索之路。整体图案装饰感强烈，可为久居楼上的师生创造优美的鸟瞰景观。

4.2.5　功能体单元建筑北侧绿地——自然式开放空间

以休闲为主，旨在为工作其中的师生提供休息、休闲的场所。借鉴采用了西方现代景观环境设计的手法，场地铺装与剪形篱、花卉、遮阳乔木结合，环境优良，气氛近人。

结语

本方案通过开放空间系统的设计将环境绿化与建筑互动的理念渗透到具体设计当中，进一步深化了对环境绿化与建筑互动性的理解，只有实现单体建筑的性质、功能、地位、造型、风格等与环境绿化统一考虑，相互配合和支持，才能创造各类功能各异、形态丰富的开放空间，使得建筑有所属，环境有所配。

本文参考文献

[1]　荆其敏. 建筑环境观赏. 天津：天津大学出版社，1993：3，166.

[2]　钱健. 宋雷. 建筑外环境设计. 上海：同济大学出版社，2001：32-38.

[3]　陈力. 林大权. 与时俱进　求实创新——大连理工大学科技楼建筑设计的思考. 华中建筑2003（5）：43.

[4]　蒋伯宁. 徐欢澜. 延缓、重塑与共生——浅谈建筑设计中的环境塑造. 规划师. 2002（9）：44.

[5]　李晓敏. 建筑绿色景观——现代建筑环境设计思想发展例证. 新建筑. 2002（3）.

案例2：西南交通大学郫县新校区绿化环境设计中交流氛围的营造

摘　要： 现代化教育的发展使得高等学校的功能不断地扩展，对内对外交流与合作的功能正在日益显现。这要求在高校校园绿化环境设计中体现和满足这一功能。本文对西南交通大学郫县新校区绿化环境设计中交流氛围的营造作了初步的探索和实践。

关键词： 高校校园；绿化环境；交流氛围

本文前言

随着现代化教育的发展，高等学校从内向封闭逐步向外向开放转变。这就要求高校在满足教学、科研功能的同时应该为广大师生营造能够满足各种社会交往、信息交流和知识融汇需求的交流场所与空间。可以说，交流氛围的营造是高校校园绿化环境设计中的一项特殊的内容。这是由高等教育的特点和大学生的心理需求特点决定的。反映在对绿化环境的需求上即表现为对公共交流场所与空间的向往[1]。这一点应该在高校校园的绿化环境设计中引起特别的重视。

2003年5月，完成了西南交通大学郫县新校区绿化环境设计方案的公开投标设计。在这一具体的任务当中，对在高校校园绿化环境设计中营造交流氛围作了初步的探索和实践。

1　设计方案功能分区介绍

依据中国建筑西南设计研究院所做的总体规划和绿化环境设计的要求，将新校区按照人文学术轴、交流带、生态带、科技园区、学生生活区、文体活动区"一轴、二带、三区"六个功能区进行绿化环境的设计（前面第153页图1　功能分区图）

2　控制理论

2.1　高校校园交流氛围分析

"交流"一词的中文意思是"流通、沟通"。在高校里面，"沟通"或"交流"的层面无外乎"师生之间"、"师师之间"、"生生之间"、"内外之间（指校园内外之间）"四个层面，"沟通"或"交流"的内容无外乎教学、科研、实验、办公四个方面。设计中以体现流动、速度、高效与快捷的构图来突出上述"四个层面"和"四个方面"，并将它们作为设计主题，以诠释"沟通"或"交流"的内涵。

2.2　马斯洛需求层次理论

按照美国人本主义心理学家马斯洛的需求层次理论，人的基本需求可以归纳为生理、安全、交往、尊重和自我实现。而且马斯洛还认为，发展中国家、西方发达国家以及人类社会理想的需求类型也是不同的。西方发达国家以及人类社会理想的需求类型都是"交往、自尊、自我"的层次较高、比重较大。

注：该文章最初发表在《林业科技开发》2005年19卷第1期。

如果将高校校园中的"沟通"或"交流"进行定位，它应该属于休闲交往需求，是属于物质生活满足或基本满足基础上的精神生活范畴。这一需求包括休闲和交往两个方面。休闲主要是指闲暇时的消遣，如休息散步、体育健身、娱乐交谈等，依个人情况的不同而内容十分广泛。交往即人与人之间的接触、互助互爱、学习交流等，是人们相互间反复进行的社会互动和信息传播，主要形式有聚会、交谈、活动等。它的满足，可以激发人的自我实现，也就是在基本生活需求（生理和安全）和休闲交往需求满足到一定程度时，人们开始自觉地尊重别人并需要别人对自己的尊重和肯定，产生一种自豪感和满足感。这种情感不仅要求所处环境有赏心悦目的绿化，还要有内在的文化氛围，令居于其中的人感到生活的美好和情操的高尚。绿化环境，是休闲交往需求得以满足的物质基础，环境及设施的完善能很好地促进交往和交流的发生。

3 营造交流氛围的目的

通过在新校区的绿化环境设计中营造交流氛围，为新校区的师生创造自由、活泼、亲切的全方位、多层次的交流场所与空间。在绿化环境设计的基础上，通过交流，增进师生之间的情感；通过交流，提高教与学的效率；通过交流，提升西南交大的影响和知名度，使其走出国门、走向世界。

4 营造交流氛围的原则

4.1 整体与局部相结合原则

这是一所规模尺度不同凡响的新校区（总用地 147hm^2），这样一个大尺度的校园，如何使局部环境空间与整个校园环境的交流氛围取得统一，就有个整体与局部的问题，需要有一个全局的思想来统领，也需要一个核心的区域表达和强化交流的主题和氛围，并将交流的气氛覆盖至整个校园。

4.2 坚持人本主义原则

优良的校园绿化环境对于生活其中的师生起着陶冶情操、净化心灵的作用，同时也可为人与人之间的交流提供多样而舒适的空间和场所。设计紧密结合师生的学习和生活规律，以人为本地进行绿化环境的设计，坚持理性与浪漫兼顾，以满足不同师生的不同需求，赋予新校区绿化环境以浓厚的人情味。

4.3 注意人性化的尺度原则

在新校区校园绿化环境设计中考虑人与环境的融合，注意交流的场所与设施的空间尺度和比例，体现人性化的设计，以创造亲切、宜人的绿化环境和交流氛围。

4.4 强调生态的设计原则

设计依托现有自然环境和条件，从生态角度出发，充分发挥绿地特别是生态带的生态作用，为校园营造优良的生态环境，这也是从根本上保证宜人的交流场所与空间。

5 绿化环境设计中交流氛围的营造

依据上述理论和原则，以"交流带"的绿化环境设计为中心，对人义学术轴、生态带、科技园区、学生生活区、文体活动区进行局部的绿化环境设计，以形成整体与局部相统一而完善的交流氛围（图1）。

5.1 交流带

交流带由南向北串联起科技园区与教学实验办公区（包括教学办公区、教学行政办公区、实验办公区三个区域），是高等学校主要的活动——教学活动的所在，也是场地设施相对集中、绿化质量较高的地方，因为只有这样才能满足师生沟通与交流的需要。

考虑到"交流带"所包括的功能区多是由功能体单元建筑组成，而建筑的造型、体量、内庭、外部环境等要素又都十分的相似，因此其局部绿化环境空间的设计在统一风格的前提下提倡多样性，以营造丰富多彩的全方位、多层次的交流场所与空间，最终满足不同师生的不同需求。

5.1.1 交流带的主路绿化

以突出该空间的线性为主，设计的关键词为交流、律动、快捷。在该路的两侧、靠近功能体教学楼的绿地中，设计相互呼应的曲线性图案，其中点缀以黄色剪形球（金叶女贞），象征思想碰撞产生的火花。在主路中央分隔带上以几组不同长度的色带构成一种律动的空间，同时用四种不同颜色的植物色块（金叶女贞、紫叶女贞、红继木或四季杜鹃、毛叶女贞）代表四种不同层次和四个方面的交流。在色带之间的空地上亦相应设立一组由大小不同的星状灯组合而成的地灯，也隐喻思想交流产生的火花，深化了交流的主题。

5.1.2 教学楼之间和实验楼之间较大的绿地空间

分别采用不尽相同但又相互呼应的曲线形构图来营造流动、自由而活泼的绿化氛围。以小环境为特征的英语角、演讲台、小型活动场、小型表演场等形成了不同的交流空间。并于道路旁、广场边、树荫下安排一些体量适宜的园林建筑小品设施如座椅、凉亭、花架等来满足交流活动在设施上的需求。

5.1.3 功能体单元建筑的庭院

小巧宜人，优雅宁静，可为师生提供课余休息交往的场所[2]。主要以绿色植物绿化为主，同时设置少量的名人雕塑小品，以增添学术和文化气氛，也表达了一种与名人交流的愿望。

5.2 人文学术轴

设计中充分体现西南交大和巴蜀大地的历史文化底蕴以及西南交大文化和学术上的特色与领先性，以向外界展示交大为目标，形成内与外的交流氛围，体现校园内部与外部交流的层面。

5.2.1 聚贤广场

入口广场作为校内外交流的空间，同时也是大型聚会、仪式庆典的重要场所。聚贤广场取"迎四方学子"之意[2]。聚集一堂，共创未来。广场的中央，八股喷泉汇于一凹形水池内，合着音乐高低起伏，能使师生们感受到一种蓬勃向上的氛围，并因此产生一种自豪感和

西南交通大学郫县新校区景观环境方案设计

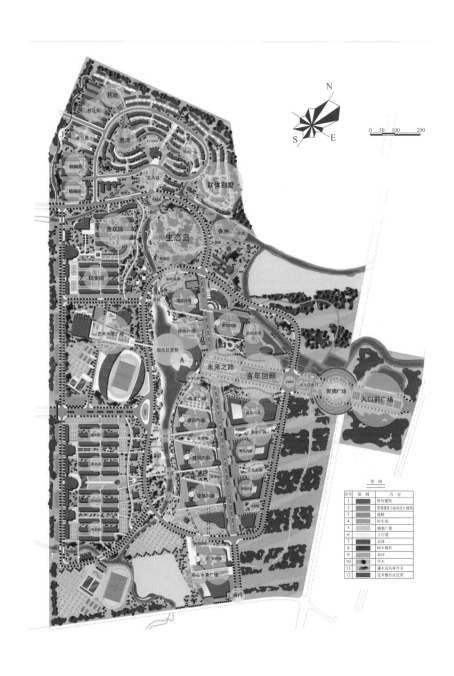

图例

序号	图例	内容
1		原有建筑
2		景观建筑小品或设计口建筑
3		道路
4		停车场
5		铺装广场
6		人行道
7		水体
8		树木框形
9		草坪
10		乔木
11		灌木或丛林乔木
12		花卉整形或花带

三、其他类型规划设计

XINANJIAOTONGDAXUE

总平面节点分析图　08

图1　总平面节点分析图

满足感。

5.2.2 百年回顾

两片高度逐渐上升的（从 90 ~ 200cm）矮石墙上刻有交大的百年历史和名人轶事，间以巴蜀文化的图案，既破除了文字排列的单调感，又意味深长地隐喻着交大发展壮大的载体文化——巴蜀文化。这里既可成为活动与交谈的中心，又能让学生们了解历史，时时激励青年学子们刻苦学习，奋发向上。

5.3 生态带

大学是人才培养的摇篮，学生是教育精心栽培的花朵，校园是花朵汲取养分的地方。这里的生态带是十年树木，百年树人的具体体现，这里"孕"育着西南交大更加辉煌的未来。

该生态带是保证新校区优良的生态环境的核心区域，对于保证优良的交流环境也起到重要的作用。同时作为众多区域的边缘地带，范围较大，将成为大量人群穿越与交流活动的场所。设计中力求体现生态中的文明，按照人的行为要求，营建以人为本的景现行为模式，体现生态带的深层内涵。

5.4 科技园区

通过功能体单元建筑北侧绿地的绿化环境设计来营造交流的氛围。以休闲为主，旨在为工作其中的师生提供休息、交流的场所。借鉴采用了西方现代绿化环境设计的手法，场地铺装与剪形篱、花卉、遮阳乔木结合，环境近人。

5.5 文体活动区

位于整个校区的西南，与学生生活区相间布置而成两片，便于学生的课外活动和交流。

本区域的绿化环境设计主要考虑各功能区域的特点，以方便学生课外活动和交流为目的来进行。在外围种植高大挺拔、冠大荫浓、同时抗噪声能力强的乔木和枝叶密实的常绿灌木，形成一层隔离林带，与其它区域相隔离。在网球场和排球场周围，设置一圈护栏，加以垂直绿化，在保护场外人员活动和交流安全的同时，又丰富了绿化的层次。在篮球场周边，则设置成排的座椅，供运动员休息或围观人员使用。在游泳池的周围综合考虑其通风性和光照的要求，种植上主要采用热带植物如蒲葵、棕榈等，创造出一种半通透的活动和交流空间。

5.6 学生生活区

同样位于整个校区的西南，与文体活动区相间布置也成两块，由东北向的文科生活区和西南向的理科生活区组成。

该区域的设计主要从学生的生活需要出发，考虑到同学们在学习生活之余对于休息及课外交往的场所要求，努力创造一个以开放、休闲、文化为主题的良好的环境，主要以组团绿化的形式为主来体现。

5.6.1 文科学生生活区（北区）

其设计的关键词为曲线、变异、媒体、变化，其组团内绿地的构图以能表现和激发文学特质的流线形构成为主，强调环境与人的交流。种植上则以棕榈科植物为贯穿全园的主要植物，力求营造一种浪漫的气氛。在生活北区的两个较大的绿地中，配合该区的设计主题，一个命名为"愚跃园",另一个相应命名为"聪实园"。

5.6.2 理科学生生活区（南区）

其设计的关键词为直线、组合、媒体、信息、简洁，组团内绿地的构图则以能体现理性和科学严谨性的符号型图案为主。在南区组团的四个相对较大的绿地中，分别赋予春夏秋冬的含义，或以植物或以图案或以代表不同季节特征的石景来表现，一方面是为了体现四季的变化，另一方面是提醒同学们时光转瞬即逝，要珍惜眼前大好的时光，努力学习，争做社会的栋梁！

本文参考文献

[1] 费曦强. 高冀生. 中国高校校园规划新特征. 城市规划，2002（5）：33-37.

[2] 何镜堂. 邓剑虹. 涂慧君. 弘扬地域文化 创造生态校园. 城市规划汇刊，2002（5）：42-45.

单位企事业

三、其他类型规划设计

案例1：企业文化的环境景观设计表达

摘 要： 研究企业文化对环境景观的影响和环境景观对企业文化的表达有助于创造体现企业文化与精神的环境景观。从解析中国电信企业标识入手，挖掘企业文化内涵，归纳和提炼设计关键词，在昆明第二长途电信枢纽工程园区环境景观设计中予以表达，重点介绍了分区设计的内容，最终形成了形式上组合西方现代景观设计元素，内容上表达电信企业文化的环境景观设计，提出了于环境景观设计中表达进而标识和传承企业文化的设计新理念和新方法，以期为现代企业环境景观设计实践提供参考和借鉴。

关键词： 环境景观设计；企业文化；表达；电信；昆明

本文前言

企业文化是指现阶段企业员工所普遍认同并自觉遵循的一系列理念和行为方式的总和，通常表现为企业的使命、远景、价值观、行为准则、道德规范和沿袭的传统与习惯等。企业文化的本质是实现企业价值最大化和个人价值最大化的有机统一，目的是实现企业的可持续发展。企业文化具有凝聚、激励、约束、导向、纽带和辐射的功能[1]。

企业环境景观设计受到其企业文化的影响，并最终融为企业文化的一部分。环境景观能反映企业的品牌特性、经营理念、组织及工作方式，增加员工的凝聚力和对企业品牌的认同感。一项全面的设计应该考虑企业的文化、使用者、社区背景和长远目标，为业主增加价值。好的环境景观应该对业主的事业和成功、对社会和环境做出实在的贡献，吸引和鼓舞其使用者，并提高他们的工作和生活质量。研究企业文化对环境景观的影响和环境景观对企业

注：该文章最初发表在《甘肃农业大学学报》（中文核心期刊）2008年43卷综合版。

文化的表达和传承有助于创造体现企业文化与精神的环境景观。

企业标识作为企业文化的重要组成部分，有望成为于环境景观设计中表达企业文化的切入点和设计创意之源。本项目研究实践即是从解析中国电信企业标识入手，挖掘企业文化内涵，从中归纳和提炼设计关键词来指导电信企业园区的环境景观设计，并于设计中予以充分表达和体现，最终形成了形式上组合西方现代景观设计元素，内容上表现电信企业文化的环境景观设计，实现了企业文化的环境景观设计表达。

1 设计分析与定位

在对园区功能建筑和园区环境进行分析后，认为这是一个企业、一个特殊的电信企业办公区域的环境景观建设，园区的主体是三栋现代感强烈的办公建筑，这不同于公园绿化也不同于小区等形式的绿化，它必须紧紧围绕建筑这个主体来进行环境景观的设计，结合建筑的风格、造型、体量、色彩等因素，关注建筑所处的地域环境和特征以及建筑所属的文化气息和内涵。因此，昆明第二长途电信枢纽工程园区作为一组具有现代高科技特征的办公建筑，其环境景观设计力求与之取得呼应和联系，在满足现代高科技从业人员办公和休闲功能要求的前提下，设计中力争引入文化的内涵及企业的特征，绿化、生态、人本与科技相结合，借鉴西方现代景观规划设计的方法和理念，创造可凭窗俯瞰，能有序地组织交通，并能满足各种工作、文化、休闲、交流、洽谈等功能活动要求的充满现代气息的绿色场所与景观。

2 中国电信企业标识解析

新的中国电信企业标识整体造型质朴简约、线条流畅、富有动感。以中国电信的英文首个字母C的趋势线进行变化组合，似张开的双臂，又似充满活力的牛头和振翅飞翔的和平鸽，具有强烈的时代感和视觉冲击力，传递出中国电信的自信和热情，象征着四通八达，畅通、高效的电信网络连接着每一个角落，服务更多的用户；也强烈表达了中国电信"用户至上，用心服务"的服务理念，体现了与用户手拉手、心连心的美好情感。同时也蕴含着中国电信全面创新、求真务实，不断超越的精神风貌，展现了中国电信与时俱进、奋发向上、蓬勃发展，致力于创造美好生活的良好愿景。

标识以代表高科技、创新、进步的蓝色为主色调。文字采用书法体，显得有生命力、感染力与亲和力，与国际化的标识相衬，使古典与现代融为一体、传统与时尚交相辉映。

3 环境景观设计关键词

通过上述对中国电信企业标识的解析，以此标识作为环境景观设计中表达企业文化的切入点和设计创意的源泉，归纳和提炼设计关键词如下。

3.1 网络·理性·现代

"网络"象征四通八达，畅通、高效的电信网络连接着每一个角落，服务更多的用户；

"理性"表达中国电信"用户至上，用心服务"的服务理念，体现与用户手拉手、心连心的美好情感；

"现代"则代表现代的建筑，现代的环境，现代的气息。

3.2 流动·高效·快捷

"流动"喻指信息的流动，绿色的流动，与用户手拉手、心连心的美好情感的流动；

"高效"、"快捷"则指信息的高效、快捷，服务的高效、快捷。

3.3 生态·文化·人本

"生态"指的是绿色、和平、生态；

"文化"指的是企业文化的传承；

"人本"则是要彰显企业对人性的关怀。

4 环境景观设计原则

4.1 协调性原则

注重绿化、景观与建筑的协调关系，使得绿化、景观与周围环境建筑巧妙地融合，设计风格与建筑外观风格协调。

4.2 实效性原则

注重实效性，力求功能与绿化、景观密切结合。

4.3 节约性原则

注重节约，选择管养费用较低的植物，做到节水节能，以期以较少的投入取得较大的绿化和景观效益。

5 环境景观设计分区

依据上述设计分析与定位、对中国电信企业标识的解析和归纳、提炼的设计关键词，将整个园区划分为五个区域进行详细的环境景观设计（图1）。

5.1 电信广场——临街交通集散广场

位于裙楼前的广场因其处于交叉路口的位置，是交通集散的主要通道，因此，设计主要是采用以灰色调为主的硬铺装材料作为主体，不做更多的设计安排，只是按对称格点缀地坪式花坛进行必要的分隔，进行适当的交通组织，以形成集散和景观一体化的建筑前广场。另外可考虑于重大节假日摆设装饰花盆，设于建筑入口旁及广场上，以丰富室外景观及提供人流识别建筑入口的标志（图2）。

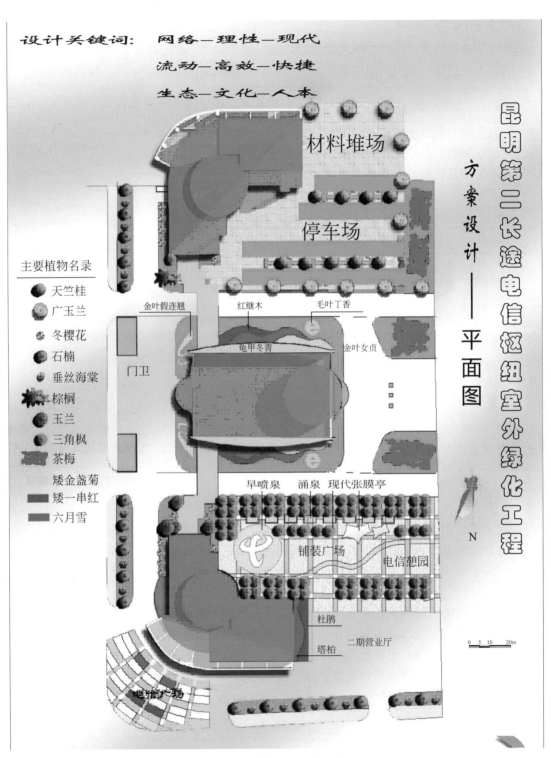

设计关键词: 网络—理性—现代
流动—高效—快捷
生态—文化—人本

昆明第二长途电信枢纽室外绿化工程

方案设计——平面图

材料堆场

停车场

主要植物名录
天竺桂
广玉兰
冬樱花
石楠
垂丝海棠
棕榈
玉兰
三角枫
茶梅
矮金盏菊
矮一串红
六月雪

金叶假连翘
红继木
毛叶丁香
龟甲冬青
金叶女贞
门卫

早喷泉　涌泉　现代张膜亭
铺装广场
电信憩园

杜鹃
塔柏
二期营业厅

电信广场

N

0　5　10　　20m

图1　环境景观设计平面图

图2　电信广场景观效果图

5.2　电信憩园——绿地休闲广场

　　位于主楼与裙楼之间，是企业标识形象和企业文化得以体现和表达的重点设计区域。广场设置有旱喷泉广场、遮阳的拉膜亭、开放的铺装广场、林荫树以及大量的浅水池。沿着广场周围，可观赏到极富现代气息的旱地喷泉，以新的中国电信企业标识形象作为旱喷泉广场的铺装形态，暗示场所精神，也赋予整个空间和园区以企业的文化氛围，是一个能反映办公区高科技特色的标志性景观。旱喷泉广场设于一侧，与中心铺装广场相对应，既可成为热闹的嬉水空间，又可成为开放的广场，是居于其间的人们赏景的所在。

　　列植的树群构成树阵的形象，是该区域生态面貌的体现，保证了居于其间的人们享受优良的环境。树种采用季相变化丰富的三角枫，可以形成怡人的四季景观，特别是秋季景观，将成为该区域的绿色中心，获得理想的林荫效果。林下设计行列排列的浅水池，体现节奏和韵律的美，遮阳乔木与林下涌泉水池相结合是广场的一大特色。水池中涌动的小泉与充满声响和跳跃感的中心喷泉相映成趣，赋予整个环境以动感，增添了幽静的氛围，憩于林下可以听水声、观风景，可坐的水池将成为休息的主要场所设施。

　　前为一铺装广场，以拉膜亭为视觉中心，现代感极强的遮阳拉膜亭符合整个环境的风格，也将为人们提供理想的休息、交流的场所。在拉膜亭内休息，能看到周围的环境，视野开阔，空间感强烈。铺装广场可为表演、活动、文化休闲、交流等活动提供场地，成为工作人员及客人游赏、活动、休憩的空间。

　　该区域整个绿化中的树阵、浅水池、铺装纹样都给人以"网络"的形象特征，体现了整个园区"网络"的设计理念；借鉴西方现代景观设计的方法和理念产生的平面构图以及现代拉膜亭的采用使得整个区域充满了时代的气息和现代的元素；铺装广场中的曲线造型，打破了构图的呆板，使得整体构图更显灵动，也再次体现了"流动"；树阵的营造是"生态"的体现，加上必要设施的安排，更是"人本"的体现；而以新的中国电信企业标识形象作为旱喷泉广场的铺装形态，则暗示了场所精神，也赋予整个空间和园区以企业的文化氛围，体现了可持续发展的设计理念，是一个能反映办公区高科技特色的标志性景观。整个绿化广场将成为工作人员及客人游赏、活动、休憩、交往的人情味实足的场所空间（图3）。

图3　电信憩园景观效果图

5.3　主楼周围绿化景观

主楼地下一层，地上二十二层，总高近105m，是一座高大、雄伟、气势恢宏的建筑，且具有现代、时代感强的外观和造型等风格特征。因此，主楼周围的植物应是衬托主楼形象的重要元素，设计利用富有文化意义的植物剪形如"e"的剪形，喻指"e时代"是信息和网络的时代，充满时代的气息，喻意深远；再如云南信息港标志的抽象剪形，再一次强化了"信息"的概念，也因其正对出入口表明了园区所在的地域特色——彩云之南，孔雀之乡。另外，由红继木、龟甲冬青、金叶女贞修剪组成的极富景观性的绿化带，以曲线形栽植方式表现了简洁大方、流畅活泼的特征，其流动的线条组合喻意信息、网络流动的高效、快捷。整个绿化现代气息浓厚，动感十足，使得主楼建筑成为吸引注意的视觉中心，更加突出了主楼建筑高耸的形象，使得主体建筑和环境得以融洽地结合在一起（图4）。

5.4　停车场及材料堆场

停车场位于主楼与辅助用房之间，主环道一侧，利用植草砖、小灌木、常绿乔木等植物元素创造有绿地、有庇荫、有隔离的生态停车场，为办公人员及客人提供一个环境优美的停车场地。二期规划用地在考虑节约成本的前提下亦做简易绿化，在满足车辆压力下同样采用嵌草砖面层来营建生态停车场。整体体现"生态"的设计理念。

5.5　沿街绿化带景观

通透不阻碍视线是沿街绿化带必须达到的效果，透过栅栏式的金属围墙，整个园内美景

图4 主楼周围绿化景观效果图

能为外部所观赏。设计采用石楠与垂丝海棠间植的方式形成行列栽植的韵律,其春季的石楠红叶与茂密的垂丝海棠花相将成为整个园区对外的形象展示景观,蕴含着昆明第二长途电信全面创新、求真务实,不断超越的企业精神风貌,展现了昆明电信与时俱进、奋发向上、蓬勃发展,致力于创造美好生活的良好愿景!

6 交通组织

整个园区设有主要出入口,停车场地位于主楼与辅助用房之间的地面区域,采用植树、种草的生态停车场方式。在主楼周围设计有单向交通的主环道,主要服务于机动车辆;硬地面广场和其他路面则服务于步行者,机动车与行人交通分离,动静交通分离,可以保证整体的交通组织更加合理、有效。

7 绿化植物选择与配置

植物配置的总体构思为:营造既不失去四季如春的"春城"特色又保证四季都有景可观,季相变化丰富、具有亲和力的植物景观。为配合这一主题,以三角枫、石楠、垂丝海棠、冬樱花等大小乔木构成整个绿化的大框架;配以姿态、色彩和花期各异的各种灌木如山茶、杜鹃、红花檵木、金叶假连翘、茶梅、六月雪等以及草坪等地被植物,以形成春花、夏荫、秋叶、冬影四时之景,最终构成特征各异的多样化的绿色环境空间。植物配置方式则采用规则与自然相结合、曲线与剪形相映衬的形式,充分反映和展示当今传统与现代、国际与国内相互交融的时代特征。

为了控制成本和节约建成后的养护费用,在植物的选择上不重名贵树木,而是采用形态各异的乡土树种来创造优美的绿化环境景观;尽量控制草坪的应用量而多采用小灌木组成的丛植景观以及剪形景观来代替草坪。主要的绿化参考植物有:红花檵木、龟甲冬青、金叶女贞、三角枫、石楠、垂丝海棠、冬樱花、山茶、杜鹃、金叶假连翘、茶梅、六月雪、天竺桂、玉兰、棕榈、广玉兰、矮金盏菊、矮一串红、鸢尾、肾蕨、马蹄莲、满天星、比利时杜鹃等。

结语

在该项目实践的整个设计过程中，始终基于设计分析与定位，从解析企业标识入手，以全面、深刻地体现设计关键词内容和表达企业文化为目标，在充分理解主体建筑功能与环境的基础上，在广场的形式、植物的配置、景观的营建等诸多设计细节中，都着力引入与高科技特征相符合的现代感，并以西方现代景观设计元素来组图，形成了布局新颖、内容丰富、文化清晰的环境景观设计面貌。显而易见，于环境景观设计中充分表达企业文化，也即企业文化与环境景观完美融合，更能提升整个企业园区的文化品位，使其具备的该企业自身独特的文化得以彰显，在注重企业形象的今天，将成为成功展示企业形象的窗口。这种于环境景观设计中表达进而标识和传承企业文化的设计新理念和新方法，也将为现代企业环境景观设计实践提供有益的参考和借鉴。

本文参考文献

[1] 孙蓉晖. 张民新. 企业文化的建筑表征. 工业建筑，2006，36（3）：13-17.

案例2：云南省红河州玉溪市天宏香精香料有限公司科技中心概念设计

图1　总体鸟瞰效果图

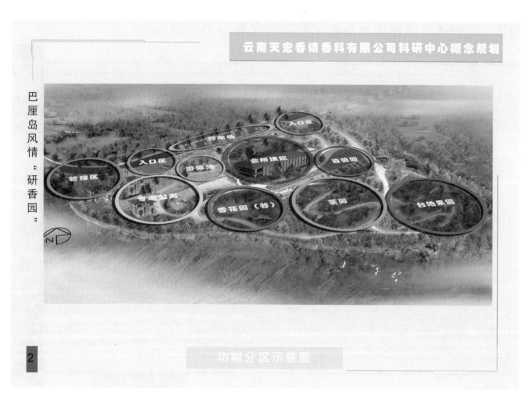

图2　功能分区示意图

图3　总平面图

案例3：云南省红河州建水县监狱改扩建工程环境景观设计

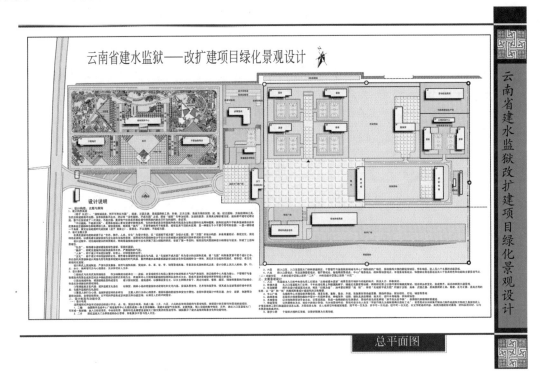

图1　总平面图

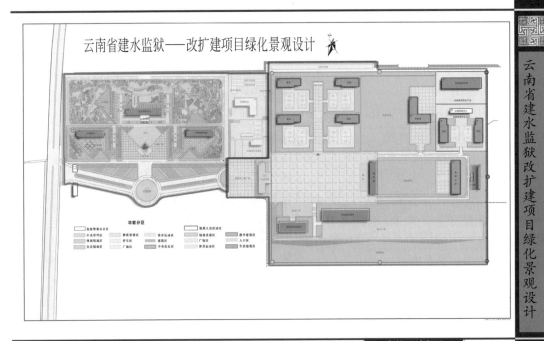

图2　功能分析图

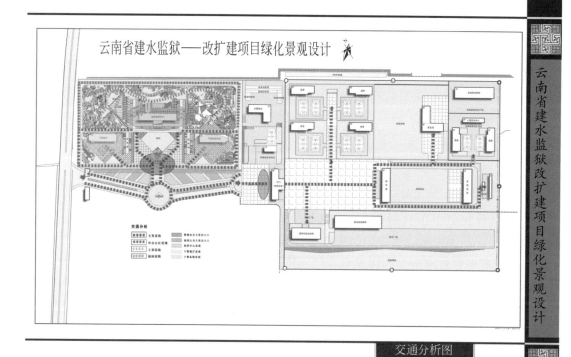

图3　交通分析图

图4　全景鸟瞰图

产业园区

案例：云南省德宏州芒市万亩咖啡坚果生态体验谷（现代咖啡坚果产业园）概念性规划

1 背景及前期研究

1.1 规划背景

2010年4月20日上午11时许，北京人民大会堂，云南省德宏州州委书记赵金从原全国政协副主席孙孚凌手中接过"中国咖啡之乡"的证书和牌匾，德宏州就此成为首个"中国咖啡之乡"。随着咖啡行业唯一的国家农业产业化重点龙头企业——德宏后谷咖啡有限公司民族品牌的崛起，以及国际咖啡市场的水涨船高，中国咖啡种植区域差不多一窝蜂的掀起了地域称号抢夺战：海南澄迈县提出兴建"中国福山咖啡文化风情镇"；2011年6月20日普洱市提出打造"中国咖啡之都"的口号；2011年10月四川攀枝花干热河谷生物工程有限公司提出把1200亩咖啡地打造成为"中国咖啡谷"；2011年10月29日连名不见经传的草本咖啡也声称要投资1亿美元在湖南长沙市望城区建"中国咖啡工业园"……

中国咖啡正酝酿着刮起一股强烈的热带风暴，但事实及资料表明：中国咖啡业只刚刚起步，芒市——更应该成为中国咖啡之都。

本规划即希望芒市利用现有资源申报并打造"中国咖啡之都"，并在各级政府领导支持下建设勐戛镇花桥坝万亩咖啡坚果生态体验谷（现代农业科技示范园），通过配备喷灌、滴灌设备、涡轮风扇式防霜等现代化农业设施，结合森林公园、温泉休闲会所、茫施野生动物养殖场等优良条件，把它打造成为集现代立体农业种植科技示范园、旅游观光林园、咖啡体验休闲度假园为一体的世界一流的农林经济园区、三农新经济样板、政府接待参观地点和芒市景区新亮点。

1.2 前期研究

1.2.1 观光休闲农业园区概念及发展概述

1.2.1.1 观光休闲农业园区概念

观光休闲农业园区，是随着近年来都市生活水平和城市化程度的提高以及人们环境意识的增强而逐渐出现的集科技示范、观光采摘、休闲度假于一体，经济效益、生态效益和社会效益相结合的综合园区。观光休闲农业园区是由最初的农田发展到统一规划的集观光、休闲、娱乐、教育为一体的有组织的园区发展的高级形态。观光休闲农业园区将生态、休闲、科普有机地结合在一起，同时，生态型、科普型、休闲型的观光休闲农业园区的出现和存在，改变了传统农业仅专注于土地本身的大耕作农业的单一经营思想，客观的促进了旅游业和服务业的开发，有效地促进了城乡经济的快速发展。

注：该文章最初发表在《Advance Journal of Food Science and Technology》2013第5卷第3期，EI全文检索。

1.2.1.2 国内外观光休闲农业园区发展概述

（1）国外观光休闲农业园区发展概述

农业景观在城市园林中的应用由来已久，在欧洲关于伊甸园的神话描述中，便记录下了人们对于梦想与神秘的极乐世界的向往，而这个极乐世界是与外界分离的安全性很好的空间，里面种植了奇花异果。在古埃及和中世纪欧洲的古典主义花园里不仅种植着各式各样的花卉和蔬菜，而且还有枝头挂满果实的果树，以供贵族们观赏食用。在这一时期，园林中也相继出现了葡萄园、橘园、蔬菜园、稻田、药圃等或规则或不规则的园中园。在16世纪以后的二三百年里"农业景观是漂亮的"这一思想逐渐盛行。到最近100年里，伴随教育和休闲活动的普及，对农业生产景观的欣赏逐渐为各阶层所接受。这样的理念，既景观可以同时具有观赏性和生产性，启迪了许多西方的景观设计。如今天的英国东茂林生态园利用各类果树为植物造景材料，大大丰富了园区景观，并为旅游者提供了果品观光、采摘等其它城市公园所不能开展的活动，取得了很好的效益。

19世纪30年代欧洲已开始农业旅游，然而，这时观光农业并为被正式提出，仅是从属于旅游业的一个观光项目。20世纪中后期，旅游不再是对于农田景观的欣赏观看，代之相继出现了据有观光职能的观光农园，农业观光游逐渐成为其休闲生活的趋势之一。20世纪80年代以来，随着人们旅游度假需求的日益增大，观光农业园由单纯观光的性质向度假操作等功能扩展，目前一些国家又出现了观光农园经营的高级形式，即农场主将农园分片租给个人家庭或小团体，假日里让他们享用。如德国城市郊区设有"市民农园"，规模不大（一般$2hm^2$，分成$40 \sim 50$个单元），出租给城市居民，具有多功能性，可从事家庭农艺，种菜，花卉，果树，达到生产乐趣，回归自然，休闲体验的需求。

1982年由欧洲15个国家共同在芬兰举行了以农场观光为主题的会议，探讨并交流了各国观光农业的发展问题，各个国家也在此基础上有了很大的不同程度的发展。

（2）国内观光休闲农业园区发展概述

在我国园林发展的初始阶段周朝的苑、囿中，便栽有大量的桃、梅、木瓜等农作物。《诗经·周南》中就有颂桃的诗句："桃之夭夭，其叶蓁蓁。之子于归，宜其家人。"生动地描述了桃花盛开，枝叶茂盛，硕果累累的美景。《周礼·地官司徒》记载："场人，掌国之场圃，而树之果、珍异之物，以时敛而藏之。"郑玄注："果，枣李之属。瓜瓟之属。珍异，蒲桃、枇杷之属。"这句话译成今文就是："场人，掌管廓门内的场圃，种植瓜果、葡萄、批把等物，按时收敛贮藏。"如今，果品、蔬菜也同样运用在了当前城市园林景观中，如第五届深圳中国国际园林博览园"瓜果园"主要是采用奇异瓜果、蔬菜品种来营造具有丰富园林色彩的栽培景区，既有观赏价值，又有科普教育意义。入口有标志性景石，简洁、自然、环保，蜿蜒溪流贯穿果园，分外亲切、宁静，曲线优美、图案丰富的大理石园道指引着游客的观赏线路。为增加趣味性和观赏性，园内精心设计了许多特色园林小品，如框景瓜果竹架、竹亭、花架廊、园林木桥、竹门、园林竹架、木架亭等等。植物配置以实用、观赏的奇花异果为主体，采用岭南园林植物配置手法，使植物丰富的色彩、柔和多变的线条、优美的姿态及风韵有机结合起来。

我国的观光农业是在20世纪80年代后期兴起的，首先在深圳开办了一家荔枝观光园，随后又开办了一家采摘园。目前一些大中城市如北京、上海、广州、深圳、武汉、珠海、苏州等地已相继开展了观光休闲活动，并取得了一定效益，展示了观光农业的强大生命力。如北京的锦绣大地、上海孙桥现代农业开发区、无锡马山观光农业园、扬州高冥寺观光农业园等，山东的枣庄万亩石榴园、平度大泽山葡萄基地、栖霞苹果基地、莱阳梨基地等都取得了很好的经济效益，为城市旅游业增添了一道靓丽风景。

其中，在我国各大城市中，台湾和北京的观光农业发展最好。尤其是我国台湾观光农业的发展居世界领先地位，如今台湾观光农业经营状况为：①一乡镇一休闲农渔园区；46处（2001年计划设置）；②休闲农场：175处；③观光农园：385处；④教育农园：141处；⑤市民农园：56处。

1.2.2 关于项目名称

1.2.2.1 原企业定名：万亩咖啡坚果现代农业科技示范园

"现代农业科技示范园"名称上缺少与观光旅游、休闲度假等功能的关联，只是单一体现了农业科技示范的功能作用，对游人而言，不具备吸引其入园的吸引力和名称宣传作用。

1.2.2.2 设计方定名：中华花桥坝万亩咖啡坚果生态体验谷

"中华"：大气，宏伟壮观；

"花桥坝"：界定项目的地点，一个很美的名字；

"万亩"：显示项目的规模；

"咖啡坚果"：产业内容的集中体现；

"生态"：与自然融合，体现生态的理念，与时代趋势相融；

"体验"：包罗万象，包括了产业的体验、观光旅游的体验、休闲度假的体验等众多可以感受、观游、亲临的内容；

"谷"：既体现了项目地的地形特征，也与企业的名称"后谷"的"谷"不谋而合。

2 规划总则

2.1 规划范围

项目建设地点位于芒市勐戛镇东北方向，自勐旺老鹰坝至勐稳双山垭口一带，距勐戛镇政府12km，属勐旺村委会、象塘村委会、勐稳村委会土地，经卫星定位测量面积12130.56亩，不包含茫施风景区130.44亩和已经转让公司河边寨基地536亩。基地范围东至双脑包山，南至河边寨咖啡基地及电站大沟，西至党良隔界沟青树脚，北至甘沟坪咖啡地及双包大沟以下。

2.2 规划依据

2.2.1 国家、地方有关法律法规及部门规章

（1）《中华人民共和国城乡规划法》

（2）《中华人民共和国环境保护法》

（3）《中华人民共和国土地管理法》

（4）《中华人民共和国文物保护法》

（5）《中华人民共和国防洪法》

（6）《城市蓝线管理办法》

（7）《城市绿线管理办法》

（8）《城市紫线管理办法》

（9）《城市黄线管理办法》

（10）《城市绿化条例》

（11）《城市绿化规划建设指标的规定》

（12）《城市规划编制办法》

（13）《国家农业标准化示范区管理办法》（试行）

（14）《农田水利工程规划设计手册》

2.2.2　主要规范和标准

（1）《城市用地分类与规划建设用地标准》

（2）《道路设计规范》（GB 50220—1995）

（3）《城市给水工程规划规范》

（4）《城市排水工程规划规范》

（5）《城市污水处理工程项目建设标准》

（6）《城市电力规划规范》

（7）《城市环境卫生设施规划规范》

（8）《城市消防规划建设管理规定》

（9）《城市绿地分类标准》

（10）《村庄整治技术规范》（GB 50445—2008）

（11）其他有关的国家及行业标准、规范

2.2.3　主要规划及其他文件

（1）云南省林业综合开发规划及德宏州咖啡产业发展规划。

（2）云南省2002年农村工作会议确定德宏州为咖啡产业发展重点州。

（3）德宏州扶贫办"关于德宏州20万亩咖啡种植项目的批复"。

（4）项目基地卫星影像地貌图及1∶10000地形图等图件。

（5）设计任务书及有关数据资料。

（6）项目组实地调研资料。

2.3　规划期限

2.3.1　规划期限

本次规划的期限确定为2012—2014年。

近期（2012年），主要进行基地规划建设、开垦，育苗和10000亩咖啡、澳洲坚果定植以及套种相关经济林木等内容的相关规划；

中期（2013年），咖啡、澳洲坚果抚育管理，建设综合办公楼等内容的相关规划；

远期（2014年），咖啡、澳洲坚果抚育管理，完成综合办公楼建设以及旅游设施建设等内容的相关规划。

2.3.2　分期建设策略

分期建设根据规划确定的近期、中期和远期不同阶段的规划布局与内容，强化不同阶段园区总体结构、基础设施等方面的衔接，保证园区空间的有序发展；根据园区发展动态变化的特点，确定园区规划的阶段性目标；强化整体意识，按照园区规划确定的发展时序逐步推进建设。

2.4 规划指导思想

坚持以科学发展观为指导，始终坚持以人为本、统筹发展。以低碳经济、循环经济、产业生态学等相关知识为理论支撑，以现代立体农业产业园区建设为载体，以重塑和整合现有资源禀赋和提高企业宣传力为重点，为体现咖啡行业唯一国家农业产业化重点龙头企业——德宏后谷咖啡有限公司的咖啡种植示范作用，以建设世界一流的咖啡产业园区为战略目标，总体布局，因地制宜，长远规划，分期建设，逐步实施，为全国相关产业园区建设积累经验，围绕现代农业科技示范、旅游观光、休闲度假三大核心功能，高标准、高水平、前瞻性地规划建设云南省德宏州芒市勐戛镇花桥坝万亩咖啡坚果现代农业科技示范园项目，努力打造花园式、生态型、低碳化的现代咖啡产业示范园区。

2.5 规划原则

2.5.1 生态优先原则

保护为主，生态优先，保护和利用相辅相成，规划时最大限度地尊重园区项目基地的自然环境，努力做到与环境及景观特征相协调，坚决避免对自然风景资源造成视觉上的污染，采用相对集约的片区规划模式，最大限度保留场地原生态的自然与农田肌理。

2.5.2 文化体现原则

本规划遵循文化性原则，于规划中结合并体现咖啡文化、当地少数民族文化以及东南亚区域文化的特色风貌。

2.5.3 经济节约原则

以生态与自然作为景观基调，布局紧凑、资源节约，减少工程建设投资及养护成本。

2.5.4 地方特色原则

挖掘地方文化底蕴，体现边城、热带等地方特色，通过各种景观形式让人感知当地的人文风貌。

2.5.5 有序及可持续原则

严格控制开发建设，坚持统筹规划，综合开发，突出重点，分步实施的原则，保证规划区的持续健康发展。坚持农村与企业共同发展咖啡、澳洲坚果特色林果，坚持建设促进林业产业化快速发展、可持续发展和长远发展的原则，提高边境少数民族地区经济的可持续发展能力。

2.5.6 以人为本原则

于规划中充分体现对人的关怀和各种使用功能的满足，以增加当地居民收入及服务外来游人需要为最终目标原则。

2.5.7 科学规划的原则

"粮草未动，规划先行"，只有科学的规划才能保证项目后期建设的合理性。其规划一是要从经济规划、生态规划的角度出发，通过农业观光的发展带动当地农业产业发展和生态效益的提升；二是要从城乡规划的角度出发根据本区域在城乡未来发展中的功能定位和本地经济基础、资源环境承载度来科学预测发展规模，合理安排园区建设的发展方式和步骤；三是要从旅游规划的角度出发，研究旅游发展战略，旅游产品开发以及旅游保障体系等。

2.5.8 可持续发展的原则

项目基地建设的发展与所在区域或城市发展总体目标的实现有着很重要的联系，因而也必须以可持续发展观作为其规划的指导思想和原则：一方面应该在环境承载力允许的条件下因地制宜地进行开发，另一方面必须充分考虑与农业观光相关的各种因素协调发展，如经济发展与生态保护以及社会平衡的协调，产业发展与旅游观光的协调，园区发展与周边区域发展的协调等。

3 基地现状概况与规划条件分析

3.1 区域与基地现状概况

3.1.1 地理位置

基地位于芒市勐戛镇东北方向，自勐旺老鹰坝至勐稳双山垭口一带，距勐戛镇政府12km，属勐旺村委会、象塘村委会、勐稳村委会土地，土地经卫星定位测量面积12130.56亩，不包含茫施风景区130.44亩和已经转让公司河边寨基地536亩。

3.1.2 区位条件

德宏区位优越，山川秀丽，景色宜人，素有"孔雀之乡"的美誉。德宏州5县市，处于印度板块和欧亚板块相碰撞及板块俯冲缝合线地带的高黎贡山余脉，得益于巍巍的高黎贡山在冬季抵抗住东来的寒流，百年难遇霜冻；在夏天抵抗住西来的印度洋湿润气流并形成丰沛的降雨，百年难遇干旱；最终形成巨大的非常适宜咖啡种植的气候屏障区。

芒市是国家建设面向西南开放重要桥头堡的重要城市，是未来中国面向印度洋、南亚的交通经济枢纽；是德宏州府所在地，也是德宏州咖啡种植加工贸易的核心地带。

项目基地区位优越，距勐戛镇政府12km。从德宏州府所在地"花果之城，开放之都——芒市"出发，20多分钟路程就到本项目区，从本项目区再延伸，不超过30km就是三仙洞和黑河老坡森林公园风景区。

3.1.3 自然条件状况

① 地势　德宏地处高黎贡山南麓，属滇西峡谷区，地势的基本特点是东北高而陡峻，西南低而宽缓；峻岭峡谷相间排列，高山大河平行急下。项目基地则以谷地平坝为主，呈狭长形走向，两侧分布高山，但山势和缓，山体不高。

② 气候　项目区属南亚热带半湿润季风气候，热量充足，水湿适中，日照丰富，冷冬有轻霜。是我国咖啡以及澳洲坚果种植最适宜区域之一，所产咖啡香味甚佳，产品质量享誉中外，深受国内外市场欢迎。

③ 土壤　项目区内土壤以赤红壤为主，肥力足。

④ 水文　德宏主要河流属伊洛瓦底江水系，水资源较丰富可满足生产生活需要。项目

基地内有一条当连河河流顺贯穿越基地，加上戈郎河电站大沟、温泉、灌溉沟渠，水资源完全可以满足项目建设的需要。

⑤ 林地资源　芒市土地面积2987km²，尚可开发林业用地，且适宜咖啡宜植地近30万亩。项目区植被覆盖率达72%以上。

3.1.4　人文历史

项目所在地——芒市的城市定位是"花果之城，咖啡之都"，从2011年开始，每年举行国际咖啡文化节；现已成功举办2届，并且因为咖啡业务关系让韩国江陵市和中国芒市成功结为交流友好城市。项目区域以傣族、景颇族等少数民族人文文化为主，历史悠久。

3.1.5　社会经济

项目基地涉及26个村民小组，农户1080户，5400人。目前园区内的产业主要是农业。土地类型主要是耕地。

3.1.6　基础设施

目前园区基地范围内有一条连接芒市和外河边寨的公路，且该公路贯穿园区整个基地范围，路宽7～8m，道路等级较高，路面状况良好。另外还有125省道及乡村路、机耕路等道路基础设施。

目前园区基地范围内水利渠系比较完善，水资源丰富，主要有当连河、戈郎河电站大沟、温泉、灌溉沟渠等。

具备电力、通讯等基础设施条件。

3.2　规划条件分析

3.2.1　资源类型构成与评价

园区现有森林公园364亩、德宏芒施旅游景区野生动物养殖场51亩、温泉、当连河、村庄、山地、农田等资源，资源类型丰富，特异性较高，可谓山川秀丽，景色宜人，为建设咖啡体验、政府接待、参观旅游、休闲度假设施和内容奠定了很好的基础。

园区重点打造的咖啡坚果套种产业及立体种植农业更具有较高的特异性，周边地区及至全国、全世界均无相应规模的产业与之竞争，与周边地区的项目同质化风险较低，产业发展前景广阔。

3.2.2　优势分析

① 产业基础较好，咖啡种植、坚果种植、野生动物养殖及畜禽繁育等产业已有较好的发展基础。

② 项目基地以谷区平坝为主，山地为辅，产业种植实施比较容易可行。

③ 项目基地范围内水资源丰富，土壤肥沃，可以保证咖啡坚果套种主产业的基本条件。

④ 区域气候条件适宜发展标准化、现代化的立体农业。

⑤ 项目基地范围内交通基础设施比较完善，交通便利，园区内部交通路网具备一定的基础。

⑥ 项目基地范围内资源比较丰富，适合以咖啡坚果产业为主，结合旅游观光、休闲度假等其他功能，打造综合的现代农业产业示范园区。

3.2.3 劣势分析

①基础设施还不够完善，园区内虽已形成一定的路网结构，但内部道路交通还不通畅，尚没有形成环线，可能导致产业流通不畅。

②灌溉用水及生产生活用水尚需要相关集水、蓄水、引水等设施的建设配套。

③基地生活及生产用电还需要新建相关电力设施设备。

④项目区在个别特冷年份的冬季会出现霜冻，危害热作，规划需认真精选咖啡宜植地，据逆温特点，选择避寒环境，进行园地的统一规划设计。

4　规划目标理念与功能定位

4.1　规划理念

由于项目基地原有地形地貌较好，有天然的河流、温泉、风光旖旎的田园、连绵起伏的山脉、大片的树林、错落有致的村落，因此，拟把该项目规划建设成为集生态体验、旅游观光、休闲度假为一体的现代咖啡坚果立体农业示范区，整体规划理念确定为："后谷咖啡园，生态花桥坝"。

具体可通过6个规划关键词加以诠释：

4.1.1　自然、生态

温泉、河流、渠道、水塘、树木、田园、群山、村庄……步入其中即是投入了大自然的怀抱，因此，规划遵循与自然融合的理念，使规划内容充分地融入自然，减少对自然生态环境的破坏，维护基地原始生态面貌，即使人工项目内容也尽量做到"虽由人作，宛自天开"。

4.1.2　文化、人本

于规划中体现文化的底蕴与内涵，重点是咖啡文化历史、区域东南亚文化特色与当地傣族、景颇族、德昂族等少数民族民俗文化的体现。

人本则主要考虑旅游参与体验，规划从吃、住、行、游、购、娱六大方面满足游人的旅游体验与参与要求。

4.1.3　科技、现代

主要是咖啡与澳洲坚果的立体套种、茶花鸡套种养殖等立体农业观光的体现，于规划中充分展示现代农业科技示范的魅力。

4.2　规划目标

为进一步实施好"芒市勐嘎镇花桥坝万亩咖啡现代农业示范旅游基地"，项目充分发挥得天独厚的热区资源和边境口岸优势，以科技为支撑、以市场为导向，充分利用国内、国外两个市场，大力发展特色经济林基地建设，加快产业结构调整步伐，促进农村经济可持续发展。把咖啡和坚果产业做大做强，并成为继粮食、甘蔗之后又一新的支柱产业。通过本项目实施，带动和扶持农民群众发展咖啡产业，从而增收致富，将可合理配置利用土地资源，优化产业结构，把资源优势转变为经济优势，综合实现经济、生态和社会效益，实现企业及其产业的可持续发展。

规划充分利用当地所具备的良好自然环境和土地人力资源条件，配备喷灌、滴灌设备、涡轮风扇式防霜等现代化农业设施，以及温泉食宿休闲类设施，套种澳洲坚果，按全世界咖啡示范园的标准规划建设水平，建立花桥坝万亩咖啡现代化农业旅游观光示范基地。创造集全世界咖啡种植科技示范园、现代化设施园、咖啡澳洲坚果高产稳产示范园、咖啡产品体验、观光旅游、温泉休闲度假、政府接待、野生动物养殖为一体的芒市景区新亮点。

4.3　总体规划定位

基于以上的发展目标和规划理念，把勐嘎镇万亩咖啡种植示范基地定位为：依托良好的自然生态环境、特色咖啡种植业基础、深厚的文化传统、田园风光及区位优势，顺应现代化立体农业休闲旅游发展的趋势，建成以自然原生态为依托、以咖啡文化为底蕴、以咖啡坚果套种立体农业为基础、以休闲旅游、观光度假为载体的，以开展咖啡坚果立体种植、休闲度假、旅游观光等各种体验活动为主要功能的现代化农业科技示范产业园区。

4.4　规划主题形象

《诗经•大雅》里有"凤凰鸣矣，于彼高冈；梧桐生矣，于彼朝阳"的诗句，意思是说：梧桐生长得茂盛，引来凤凰啼鸣。所以，人们将其引申为：栽下梧桐树，自有凤凰来。

咖啡园，生长繁茂，硕果累累，自引得产业兴旺，经济富足。

花桥坝，万亩咖啡园基地，山清水秀，人杰地灵。居高俯瞰，基地形貌如一只飞舞的金凤凰跃然山间，自然天成，如意吉祥，昭示着后谷咖啡事业的尊贵而可持续。

正所谓："栽下咖啡树，亦引来金凤凰"。

5　规划布局与功能分区

5.1　规划布局理念

规划遵循全局宏观，主次分明，区点配套，因地制宜，功能（产业）优先，景观配合，管理高效，使用便利的整体规划布局理念，做到科学规划、高起点规划、高标准规划、高水平规划。

5.2　规划布局原则

①景观生态学原则　遵循景观生态学原理进行规划布局，形成"斑块—廊道—基质"的规划布局结构。

②结合自然的原则　规划布局形式与内容与自然地形地貌有机结合，以求得与自然生态环境的完美融合。

③尊重现状的原则　包括尊重现状资源与现状设施条件等方面，做到因地制宜。

④满足功能的原则　规划布局从区域与点两个层面予以园区各项功能的满足。

⑤主次分明的原则　规划形成一个主要核心区，其他功能区域则形成众星捧月的态势，主次分明。

⑥景观性原则　从景观优化的需要及景点设置的需要进行整体规划布局安排，做到处处有景可赏。

5.3 总体规划布局

通过对基地地形地貌状况、土地利用情况、水林资源分布情况、村庄农田分布情况、环境空间情况等基础资料的分析，结合对规划目标和规划功能定位的综合分析，园区总体规划布局形成"一轴一环一核十六区二十四点"的结构，其中：

"一轴"，即当连河景观带形成的一条蓝轴；

"一环"，即现有公路与规划道路围合而成的主要道路环；

"一核"，即现有野生动物养殖园（芒施旅游区）、原始森林公园及规划的以接待中心为主的综合建筑群等共同构成的核心片区；

"十六区"，即咖啡坚果套种滴灌区、喷灌区、接待中心区、原始森林公园、野生动物养殖园、温泉会所、咖啡品种展示区、初加工厂、万亩指挥部、果蔬套种区、特色林木套种实验区、茶花鸡套种养殖实验区、出入口区、新型合作社、企业LOGO宣传崖、湿地生态园共十六个主要功能区域；

"二十四点"，即二十四个主要的代表性景点与功能点，即：温泉接待中心、洗浴商品专卖、汤池区、咖啡博物馆、咖啡产品展示中心、咖啡体验馆、农家体验园、晒料场、储藏间、过滤池、称重台、去皮间、指挥大楼、门卫室、住宿区、MINI千岛湖、蓄水池、分水池、观光亭、出入口牌楼、动物观赏区、餐饮区、桥梁、当连河景观带。

5.4 功能分区

① 按世界领先水平开垦种植10000亩云南小粒种咖啡套种澳洲坚果，打造立体农业示范园林，实现咖啡坚果种植示范功能，主要分为滴灌和喷灌两大类型区；配套10000亩滴、喷灌设施及涡轮风扇式防霜设备。

② 集万亩示范园办公接待、咖啡体验、旅游观光、休闲度假为一体的10亩面积的综合建筑群。

③ 1000亩咖啡坚果园放养茶花鸡试验区。

④ 森林公园364亩（包含森林咖啡试验区、古人类遗址、宝山寺、地母寺、原始沟谷雨林），充分开发利用现有丰茂的原始森林资源，规划建设成为一处集森林疗养、森林景观、森林游憩等功能于一身的森林公园。

⑤ 野生动物养殖观赏园51亩（含孔雀、野猪、马鹿等各类珍稀野生动物养殖区）。利用现有野生动物养殖基地，改造提升为野生动物养殖观赏园，实现动物观赏、养殖参观、特色餐饮等功能。

⑥ 温泉休闲会所5亩　开发利用现有温泉资源，规划建设成为一处高档温泉养生会所，包含丰富的温泉类型，实现温泉小憩的功能，同时具备餐饮、住宿、娱乐等功能。

⑦ 咖啡种植博览园30亩　铁毕卡品种区、波邦区、黄果咖啡品种区、紫叶咖啡品种区、大粒种区、中粒种区、小粒种区、卡蒂姆系列品种选育试验区、热带水果试验区。

⑧ 咖啡套种特色果树试验区（包含咖啡套种和核桃、红花油茶、西南桦、六树一草等各种经济林木区）。套种核桃、油茶、西南桦各50亩。

⑨ 出入口区　担任出入通道和形象宣传的功能作用，主要是联系芒市和河边寨村的、进入园区内部的两个出入口，以东南亚风格的建筑牌楼形式展示入口景观。

⑩ 指挥部及初加工厂区　主要功能是为万亩示范园的办公、管理、指挥及相关工作人

员的餐饮、住宿等提供场所与建筑，以实用为主，兼顾景观与休闲功能，同时，咖啡的初加工工艺在本功能区内完成。

⑪ 农家体验园　在保留的干沟坪村庄的基础上提升改造成农家体验园，同时具备餐饮、住宿、农娱等功能，体现朴素、自然的风格。

⑫ 合作社　依据已建成的模式建设完成。

⑬ 接待中心　包括周围千岛湖5亩（含金鱼池、荷塘、游泳池）、观鱼池、喷灌区等景观，接待大楼、咖啡博物馆、咖啡产品展示厅、咖啡体验馆等重要建筑，重点满足接待、会议、观摩、宣教等功能。

⑭ 咖啡种植博览园喷灌区　重点展示咖啡的品种及套种结合喷灌的景观效果，气势恢宏。以30亩为一小区，共划分9个品种小区。

⑮ 咖啡套种滴灌区　为生态体验谷的主要内容，结合滴灌，体现咖啡套种的科技景观魅力。设分水池2个，蓄水池250个。

⑯ 湿地生态园　于靠近外河边寨出口处、当连河上河面较宽的地方种植适生水生植物，打造成一处小型湿地生态园，以增加游览内容及景点。

6　专题规划

6.1　基础设施规划

6.1.1　土建工程

根据基地及种植实际需要，配套建设基地办公接待咖啡体验综合楼一幢（1500m²）；旅游体验观光弹石路10km，改造动物养殖园近50000m²，生态停车场3000m²。

6.1.2　给排水工程

园区用水分三部分，一是种植区生产灌溉用水，采用引水进渠道进水池，进行灌溉，配置抽水机电设备4台（套）；二是养殖区用水，采用引水进渠道，进水池，水池接管道，通各需水点；三是生活用水需要。修建蓄水池29个，铺设雨水管11300m。

新修饮用水管道8km（管径为Φ100mm）；新建灌溉用管道每亩30m（Φ25mm），1万亩需新建灌溉管道300km；以解决基地生活及生产用水需要。

园地废水以生活废水为主，铺设污水管16810m和建设1套污水处理设施，采用沼气利用模式，通过生物发酵等手段进行无害化处理。在有条件的情况下可纳入城区排污处理系统。

6.1.3　电力配套设施

基地需新建10kV埋地电力线路8000m，800kV变电站1座，以解决基地生活及生产用电需要，包含夜景工程。

6.1.4　水利工程

对园区内水池、堰塘及主要沟渠进行整治，清除淤泥，增加蓄供水量；配套10000亩咖啡种植基地的喷滴灌设施；对当连河进行景观整治，改善当连河流域水环境和景观面貌。

6.1.5　服务设施

主要包括水、电、气、热设施用房，消防及环卫、指示、标识等服务设施。具体有：出入口牌楼 2 座、观光亭 10 个、环保环境宣传牌 20 块、垃圾转运站 1 处、垃圾箱 100 个、水冲式厕所和免水冲厕所各 5 处、安全标识牌 40 块、防火宣传牌 9 块、医疗服务点 1 处、室外消防设施 6 处、避雷设施 6 处、交通指示警示牌 25 块、休息小品 50 处、导游标识牌 10 块。

6.2 道路交通规划

分区规划主要划分了园区的"面",道路规划则是联系各"面"的"线",其重要性不言而喻,因此咖啡种植基地中的道路系统必须和景观分区结合考虑。道路交通设计应该在保证满足交通功能性和有效连接的前提下,遵循合理布局、保护自然系统及美好景观等设计原则,按生态标准建设,局部实行单行道环绕绿带的生态道路格局。为保持区内的生态质量,园区内交通工具应采用电瓶车和自行车,运营方式采取定时定点开动的开放式环线公交模式,保证游客能够自由安排游览项目和时间,随上随下。

6.2.1 对外交通

现有公路是园区对外交通的重要干道,在现状基础上翻新修整道路沿线杂草灌木,增加道路两旁的绿化行道树,并于道路沿线地势平坦的宽阔地规划沿途休憩岛,用于停留观景。

6.2.2 内部交通

沿山势地形的山脚规划一条 5m 宽的园区内部主要道路,长约 8km,与现有公路形成园区内的环路交通系统,提高交通联系的效率。并于环路内部规划 3m 宽的次干道,长约 5km,以加强环路的联系,实现南北方向的有效贯通。

6.2.3 小区道路

小区道路为咖啡坚果套种区的生产道路,用于连接各个种植生产小区。按 2m 宽度进行规划,采用自然材料。

6.2.4 其他

主要包括通往芒市及外河边寨的两个出入口、配套在指挥部、接待中心、温泉会所、野生动物养殖观赏园、森林公园等区域的停车场,以及 3 座交通性桥梁和 9 座景观性桥梁。

6.3 绿地系统规划

园区绿地系统规划的目标主要是保证基本的园林绿化质量和面貌,使园区成为花园式、园林化、生态化的现代农业产业观光园。遵循"点"、"线"、"面"绿化相结合的原则,"点"即主要功能点或景点的重点绿化;"线"即主要道路、河道、周围防护林等的绿化,包括当连河两岸、环路;"面"即大块面和背景面山的大面积面状绿化,包括园区的一个核心区、基地两侧的面山以及 16 个主要功能区等,共同形成系统、有机、完善的园区绿地系统结构布局。

6.4 景观风貌概念规划

景观风貌概念规划重点结合基地现状条件、区域人文文化、当地民族特色等进行,最终形成以咖啡坚果种植产业为核心的现代农业景观风貌、休闲旅游景观风貌、热带植物景观风貌、东南亚建筑景观风貌、少数民族景观风貌、产业新区景观风貌等大的景观风貌形象。

6.4.1 地形地貌景观

尽量保持原有地形地貌景观，减少破坏和建设的土方工程量，与自然融合，形成"山、水、田、人"和谐美好的景观画面。

于荒山、陡坡规划建设如企业LOGO宣传崖画等景观，既很好地利用了地形地貌条件，又增加了景观效果和宣传作用。

6.4.2 水体景观

以基地内的当连河景观为核心，形成蓝色景观轴线，结合温泉水景观、千岛湖水景观、其他小型水景观，共同形成园区内水系统景观面貌。

6.4.3 道路广场景观

重点打造环路景观效果，形成花果路、常绿路景观面貌，并与生态停车场、建筑广场、活动广场等场地景观共同形成园区道路广场景观风貌。

6.4.4 建筑小品景观

园区建筑布局采用集中与分散相结合的方式，以分散为主，局部集中布置，以控制建筑密度，提升园区景观质量。建筑高度一律以低层为主，局部标志性建筑物可以与环境景观规划及设计综合考虑。建筑形式采用东南亚建筑风格和当地少数民族建筑风格，以自然、朴素、协调为原则，按照具体条件而定。

本园区内小品，如观光亭、桥梁等景观，以小巧、精致、特色为原则，采用茅草、木材、石料等天然材料，求得与自然环境与景观的结合，起到点睛的作用。

6.4.5 植物景观

园区绿化在整体形成绿地系统格局的基础上，精心选择植物材料进行植物景观的营造，以当地乡土植物为主，营造热带植物景观效果，感受热带植物风情。

具体规划图见图1～图12。

7 经济技术指标简表

序号	项目	面积
1	规划用地面积	12130.56亩（8087040m²）
2	建筑占地面积	约15000m²
3	总建筑面积	约40000m²
4	道路停车面积	约55000m²
5	园林绿化面积	约100000m²
6	温泉汤池	约5000m²
7	当连河水域面积	约65000m²
8	咖啡种植面积	约7000000m²
9	其他项目占地面积	约850000m²

中华花桥坝万亩咖啡坚果生态体验谷
概念性规划

图1　规划形象创意图

中华花桥坝万亩咖啡坚果生态体验谷
概念性规划

主要景点及功能点规划

1 接待中心
2 洗浴商品专卖
3 汤池区
4 咖啡博物馆
5 咖啡产品展示中心
6 咖啡体验园
7 农家体验区
8 晒科场
9 储藏间
10 过滤池
11 称重台
12 去皮间
13 指挥大楼
14 门卫室
15 住宿区
16 MINI千岛湖
17 蓄水池
18 分水池
19 观光台
20 出入口牌楼
21 动物观赏区
22 餐饮区
23 桥梁
24 当连河景观带

区域规划

A 咖啡坚果套种滴灌区
B 咖啡坚果套种喷灌区
C 接待中心区
D 原始森林公园
E 野生动物养殖园
F 温泉会所
G 咖啡品种展示区
H 初加工工厂
I 万亩指挥部
J 果质套种区
K 特色林木森种实验区
L 茶花鸡套种养殖实验区
M 出入口区
N 新型合作社
O 企业LOGO宣传庭画
P 湿地生态园

图2　规划总平面图

中华花桥坝万亩咖啡坚果生态体验谷
概念性规划

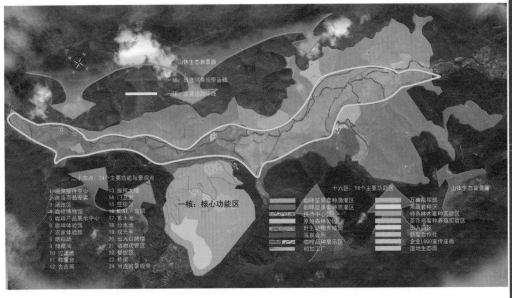

图3 规划结构分析图

中华花桥坝万亩咖啡坚果生态体验谷
概念性规划

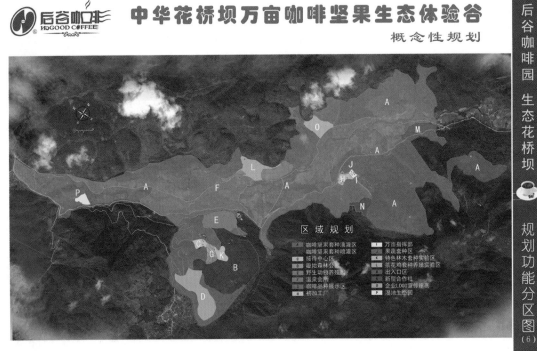

图4 规划功能分区图

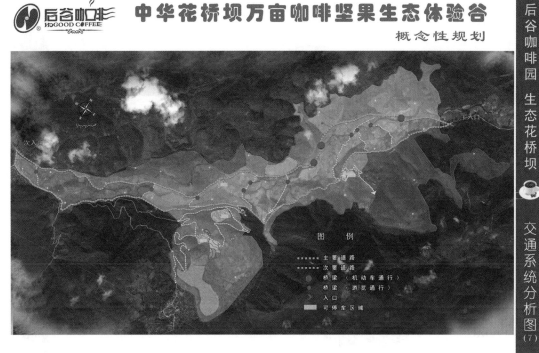

图5　交通系统分析图

图6　总体鸟瞰效果图

中华花桥坝万亩咖啡坚果生态体验谷
概念性规划

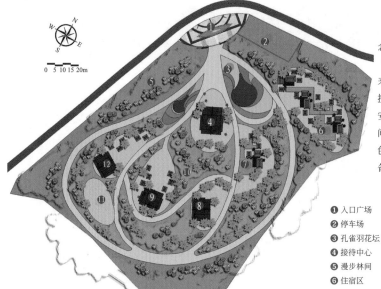

接待中心的设计延续概念性规划的创意形象，以"凤凰的翎羽"形象为设计来源组织环状交通系统，以接待中心建筑为中心，合理安排布局各功能建筑体及空间，结合园林绿化，形成特色鲜明、形象引人、功能完备的接待中心区。

① 入口广场　　⑦ 咖啡产品展示厅
② 停车场　　　⑧ 咖啡博物馆
③ 孔雀羽花坛　⑨ 咖啡体验馆
④ 接待中心　　⑩ 热带花园
⑤ 漫步林间　　⑪ 休闲舞台
⑥ 住宿区　　　⑫ 餐饮中心

图7　接待中心概念平面图

中华花桥坝万亩咖啡坚果生态体验谷
概念性规划

图8　接待中心鸟瞰图

中华花桥坝万亩咖啡坚果生态体验谷

概念性规划

❶ 主入口　❷ 入口水景　❸ 指挥大楼
❹ 休闲广场　❺ 纳凉亭　❻ 停车场
❼ 门卫室　❽ 休闲游廊　❾ 羽毛球场
❿ 排球场　⓫ 住宿楼　⓬ 晾晒场
⓭ 交通广场　⓮ 食堂　⓯ 晒料场
⓰ 过滤池　⓱ 称重台　⓲ 去皮间
⓳ 储藏间　⓴ 卫生间

指挥部的设计主要以功能满足为前提，同时考虑景观需要和办公管理人员的适当休闲和健身的需要，结合园林绿化，共同营建一处绿色的办公区。

初加工厂的设计则严格按照相关工艺流程。

图9　指挥部及初加工厂概念平面图

中华花桥坝万亩咖啡坚果生态体验谷

概念性规划

图10　万亩指挥部鸟瞰图

后谷咖啡园 生态花桥坝 ☕ 指挥部及初加工厂概念平面图（11）

后谷咖啡园 生态花桥坝 ☕ 万亩指挥部鸟瞰图（12）

三、其他类型规划设计

中华花桥坝万亩咖啡坚果生态体验谷
概念性规划

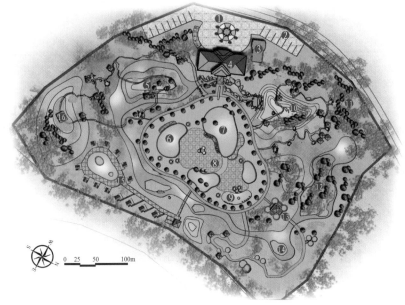

❶ 入口喷泉广场
❷ 停车厂
❸ 门卫室
❹ 接待大楼
❺ 岛屿漫步
❻ 儿童戏水池
❼ 游泳池
❽ 中央休闲广场
❾ 冲水池
❿ 日式汤屋区
⓫ 密林过渡区
⓬ 生态景观岛
⓭ 涌泉台
⓮ 避风港湾
⓯ 吉他休闲中心
⓰ 眺望亭

图11　温泉会所概念平面图

中华花桥坝万亩咖啡坚果生态体验谷
概念性规划

图12　温泉会所鸟瞰图

居住小区

居住小区居民对绿地的需求研究实践——以昆明"志城家园"环境与绿化设计为例

摘　要： 由于时代的更替和人们观念的更新，人们的居住观念已实现了由"居住型"向"舒适型"转变的质的飞跃，居住小区室外绿化环境已成为居民选择自己住所时考虑的重要因素。因此，如何使居住小区绿地满足居民需求就成为现实而又亟待研究解决的问题。本文以昆明"志城家园"环境与绿化设计为例，将初步的研究运用于该实际任务当中，以求得理论与实践的有机结合，探索满足居民对绿地需求的"以人为本"的设计思路和方法。

关键词： 居民；绿地；需求；志城家园

本文前言

从20世纪80年代以来，随着国家城市建设的重心转向住宅建设，使得多年来一直处于城市绿化中薄弱环节的居住区绿化日益引起人们的重视。进入90年代，环境与发展成为当今世界主题，各地争先创建"生态城市"、"园林城市"、"山水城市"。国民经济的发展，人们生活水平和文明程度的提高，改革开放带来的与发达国家的比较，使得居民对住房的需求由"生存型"转向了"舒适型"，市民不仅对居住建筑本身，而且对居住环境要求越来越高，从而大大推动了居住区绿化的发展[2, 3]。CCTV-2台"中国房产报道"节目曾报道一项调查结果：居民对于住房的需求首先考虑的是环境，其次是位置，最后才是价格。而在以前情况正好相反。另据对一些中高密度居住环境的调查显示：居民基本上根据从窗外所看到的内容来判断周围环境的优劣，绝大多数居民喜欢有植被的景色而不喜欢缺乏植被的停车场和建筑物。环境的好坏，已成为观念日渐改变的人们对居住区质量评价的非常重要的标准[4]，也成为房产开发商关注的焦点。当前，中央提出住宅建设将成为新的经济增长点和居民消费热点，这给住宅建设赋予了新的历史使命和契机，也最终带来了全国各地如火如荼的房地产开发热潮。昆明志城家园即是这股房地产开发热潮中的一员。

而目前我国居住环境绿化还存在一些问题：居住建设未能"因地制宜"；居住环境绿地利用率低；绿化设计缺乏特色；绿化养护资金不足[5]。居住小区作为人类居住的一种较好的组织形式，已经在全国得到了广泛的推广和应用。保证小区有足够绿地面积；在面广量大的居住小区建筑群中，利用不同空间布置各种大小、形态各异的绿地，提高绿地的质量和利用率，真正做到满足居民的需求，实实在在地"以人为本"，便是摆在我们面前的一个现实而迫切需要解决的问题。本文中的设计实例即是应用作者硕士学位论文的研究成果，对满足居民对绿地需求的"以人为本"的设计思路和方法进行初步的探索。

注：该文章最初发表在《甘肃农业大学学报》（中文核心期刊）2005年40卷综合版。

1 概况

昆明"志城家园"是由云南志城房地产开发有限公司开发的"绿色生态"型居住区。总建筑面积4.5万平方米,主题庭院面积3万平方米,小区中心拥有4500m²的大花园,总居住户数350户,绿化率45%。小区地理位置优越,交通便利,方便上学、就医、购物、运动等。

2 指导思想

整体设计以人为本,充分考虑人的行为规律和需求,以科学研究的结果为指导,旨在营建一处功能齐全、设施完备、景观优良、生态优化、满足居民需求的适居性与可居性较强的生活交往场所。

3 居住小区绿地的特色

作者认为,居住小区绿地很难作为一个整体印象来把握,在居住建筑的体量、造型、色彩、外部空间等因素都十分相似或雷同的情形下,要体现绿地的特色实在是有些难度。而且居住小区绿地的特色体现与否只是居住小区本身的特征,或者说其实质为居住小区所在地域的植被的特色,对居民的需求不会造成影响,因此在满足居民需求这一层面上不必刻意地去追求居住小区绿地的特色[1]。在遵循"适地适树"原则的基础上,可以适当考虑使居住小区特色化,以形成卖点和吸引源。

本设计地段可分为大、小两个区域,为获得对比与变化,大区采用规则式,小区采用自然式,两个区域均具有较强的图案装饰性,以满足身居高楼的居民获得理想的鸟瞰效果。大区的设计思路来源于平面构成,旨在满足功能的前提下,采用平面构成的设计体现现代与时尚,满足现代居民追求现代与时尚的心理。小区的设计思路来源于乡村水塘,借以展示自然风景景观,反映自然的古朴气息,满足现代的人们接近自然的要求。两相对比与衬托,形成了整个小区既现代又充满自然气息的特色(上篇第52页图2 设计平面图)。

4 居住小区绿地的结构

在居住小区的几种绿地类型中,公共绿地、宅旁和庭院绿地始终是建设和使用的重点,这难免忽视了道路绿地的建设。长期以来,居住小区中的道路绿地都仅仅是以行道树的种植形式来体现的,功能也仅仅是行道树。而从心理学上讲,连续的、变化的一定规模的带状(线形)空间更能很好地满足人们散步、停留、小坐、交谈等基本活动,居住小区中的道路绿地有着很大的潜力成为居民利用率较高、人情味十足的活动场所,应给予高度重视[1]。在昆明"志城家园"中心花园的设计中即利用这一原理,沿西南至东北对角线方向设计了一条宽4m的道路,既能满足消防、集散、交通等功能要求,又能成为小区居民散步、活动等的良好线性空间。道路两端设计了景观廊架,以增强景观效果,反映时尚。

针对新建小区采用的绿化苗木规格较小,导致绿地遮阳状况较差的现状,除在规划设计时考虑速生与慢长树的协调衔接外,建议在新建小区中适当移植大树[1]。这一方面已有很多的居住小区做了大量的尝试和实践。在上述宽4m的道路中部作者设计了一行列栽植的庭荫树围合而成的小广场，形成"小区森林"景观。小广场兼具集散、停留、活动的功能，有望成为"小区的客厅"。而且集中的"小区森林"可以很好地满足居民遮阳的需求。

5 居住小区绿地的植物种植

研究结果显示，居民对小区绿地功能的定位顺序是美化环境、保护环境、实用，而且被调查的居民中有50%的人认为绿地中应用花卉、草坪、剪形植物"很好"，这说明居民对小区绿化不仅仅是要求绿起来，而且有了美化环境的强烈愿望，这为设计者提出了更高的要求。如何协调美化与生态功能的关系是居住小区绿地建设中值得深入研究的课题。解决得好，可以很好地满足居民的需求。特别是在现代生活节奏如此紧张的今天，草坪尽管有着诸如造价高、养管难、效益低等弊端，但它带给人的开敞、无堵、心旷神怡的心理感受是任何其他种植形式所不能替代的[1]，因此作者在该设计中规划设计了一定面积的草坪区域，以满足居民的这一需求。另外在北区的入口和中心水池两边设计了曲线种植的花带，以满足绿化彩化的要求。儿童活动区的植物造型优美、色彩鲜艳，并且有剪形的图案，以营造欢快、热烈的氛围。

在种植结构上，复层绿化结构已得到居民广泛的认可，认可比例达到80%以上[1]，因此在该设计中坚持花草树并举，以保证小区绿地的生态效益，更好地实现居住小区绿地"保护环境"的功能。

在种植种类上，为避免单调，保证生态效益，并体现生物多样性的要求，设计中充分利用云南省，具体到昆明市常用园林绿化树种很丰富的优势来确保居住小区绿地的植物种数。

6 居住小区绿地的配套附属设施

作者认为，居住小区绿地实用功能实现的好坏取决于绿地中设施的数量多少和质量优劣。通过调查统计，居民在小区绿地中的主要活动形式是休息散步，与之伴随较紧密的是交往聊天，因此在居住小区绿地配套附属设施建设上应以休息、休闲设施为主，且应保证功能与实用，在此基础上再考虑其装饰性[1]。

结合中老年人生理特点，设计开发适合中老年人使用的体育健身设施，并应用于小区绿地中，以满足中老年人对此的需求[1]。设计中的对角线路的西北为老人活动区，以一组亭廊组合体构成主体，可以充分满足中老年人遮阳、日光浴的需求，也为中老年人打牌、下棋、交谈提供了理想的场所。另外在北区的小圆形水池周围设计了卵石铺地，可以起到健身的作用。

对角线路的东南为儿童活动区，设有组合活动器具。考虑到家长与老人就近照看小孩的需要，设置亭子、坐椅等休息设施。坐椅作为最基本却最实用的设施，设计时应严格遵照人体工学的要求，区分出不同年龄人群的使用形式，特别是应坚持以木质材料为主，不宜采用铸铁、石材、混凝土塑材[1]。

7 结语

居住小区环境绿化是一项系统工程，需要规划师、建筑师、园林规划设计人员的通力合作，并充分结合人的需求。还需要物业管理人员、居民的协助，才能真正实现"以人为本"，满足居民对绿地的需求要求。

本文参考文献

[1] 刘扬. 哈尔滨市居住小区居民对绿地需求的研究. 哈尔滨：东北林业大学，2001.

[2] 白伟岚，任建武. 居住区环境绿化质量的探讨. 中国园林，2000，16（1）：37-42.

[3] 赵和生. 行为模式与居住环境设计. 南京建筑工程学院学报，1997，（3）：35-39.

[4] 郭萍英，武丽娟. 浅论居住小区的环境建设. 山西科技，1999，（4）：

[5] 王磐岩，王玉洁. 我国居住环境绿化问题的探讨. 中国园林，1999，15（3）：50-51.